STEAM
こどもSTEAM

小学5・6年生
向け

# 統計
## [基礎編]

棒グラフ
折れ線グラフ
を使って学ぶ

監修 渡辺美智子
立正大学データサイエンス学部教授、放送大学「身近な統計」主任講師
執筆協力 古田裕亮



アルク

## 「こどもSTEAM」シリーズについて

こどもSTEAM

Science(科学) Technology(技術) Engineering(工学・ものづくり) Arts(芸術・リベラルアーツ) Mathematics(数学)

「STEAM」は上記の単語の頭文字をとった造語で、理数系の能力に加え、表現力や想像力といった非認知系能力も対象にした教育理念を指し、いま世界中で注目されています。この「STEAM」を切り口とし、子どもたちが未来を生き抜くのに必要なテーマを選び、正解のない問いに向かってしっかりと考え抜くことができるようなワークに仕上げたのが「こどもSTEAM」シリーズです。

知りたいから考える➡とことん考えるから発見がある➡新たに気づくからワクワクする➡ワクワクするからもっと知りたくなる――。この学びのサイクルで、本シリーズを手に取った子どもたちの目が好奇心でキラキラと輝き、夢中でワークに取り組めることを、制作チーム一同、心から願っています。

**株式会社アルク**
**「こどもSTEAM」シリーズ 制作チーム**

# はじめに

みなさんは、学校で課題学習や自由研究があるとき、どのように進めたらいいのか、題材の選び方や具体的なやり方が分からず、困ったことはありませんか？

今、学校では、総合的な学習（探究）の時間があり、自分で自由に課題を決めて、調べたことを深く掘り下げ、問題を解決したり何か提案したりする学習が大切にされています。探究学習では特に、『①テーマ（問題）の設定→②探究の計画→③情報（データ）の収集→④整理・分析→⑤まとめ・表現』という探究のプロセス（**PPDACサイクル**）を理解し、繰り返して、学びに役立てることを大切にしています。自由研究などの成果が説得力をもつためには、主張や判断がデータに基づいていること、データが上手に統計の表やグラフに整理されていること、そして、分析した結果がみんなに分かりやすく伝わることが重要です。

世界中の子どもたちが今、このPPDACサイクルと呼ばれる探究のプロセスを学習しています。このワークブックでは、分かりやすい、みなさんの身近な探究の事例を通して、PPDACサイクルの考え方やグラフの作り方が学習できるようにしています。ワークブックをやり終えたとき、きっとみなさんは探究学習が得意になっているでしょう。

**監修：　渡辺美智子**

# もくじ

## おうちの方へ

データが身近にあふれるデジタル社会の到来により、データサイエンスやAIにつながる、統計的なデータ活用の学習が重要視されています。小学校、中学校、高等学校のみならず、入試、大学、社会人のリカレント教育の中で、「**データの活用**」は政府が力を入れて推進する教育改革の柱として位置付けられています。現実社会で課題を解決していくには、統計データを活用する能力は不可欠と言っても過言ではありません。

そして、この力は子どものときから少しずつ経験を積むことで身につきます。OECDが推奨し、世界各国が実践する教育体系では、まずPPDACサイクルと言われるプロセスメソッドで探究手順をしっかり教え、学年進行に応じて、データの統計分析のスキルを上げていく教育方法がとられています。このワークブックは、PPDACサイクル修得のための日本ではじめての子ども向け探究学習用教材となる一冊です。

渡辺美智子

# 本書の使い方

この本は、これからの子どもたちに身につけてほしい力の１つである「統計を役立てる力」をテーマにした、書き込み式ワークブックです。

ワークに取り組むことで、統計調査やデータを問題解決に活用するための基本動作（PPDAC サイクル）について学ぶことができます。【基礎編】では、棒グラフや折れ線グラフなど小学校中学年程度で学んだグラフを使って解く、子どもにとって身近なテーマの問題をたくさん用意しました。子どもたちが興味をもって学習に取り組めることを目指しています。

各パートの問題をすべて解くのにかかる、おおよその時間を書いています。目安であり、この時間内に解かなければいけないというものではありません。

やってみよう は問題部分を示すマークです。

パートの通し番号

学習した日を記入します。

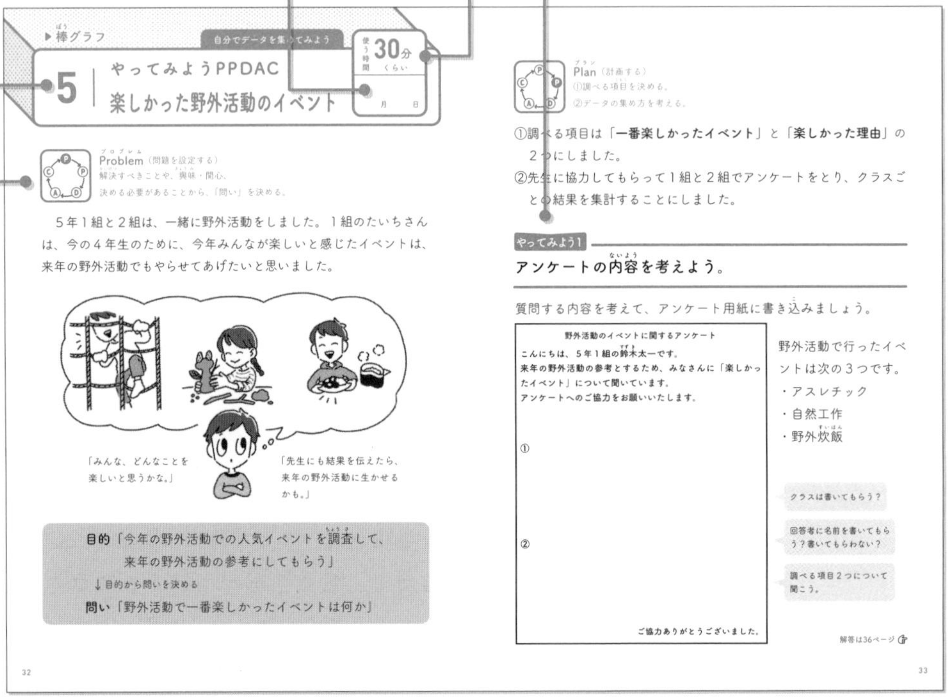

▶棒グラフ

自分でデータを集めてみよう

5　やってみようPPDAC
楽しかった野外活動のイベント

使う時間 30分くらい

月　日

Problem（問題を設定する）
解決すべきことや、興味・関心、
決める必要があることから、「問い」を決める。

５年１組と２組は、一緒に野外活動をしました。１組のたいちさんは、今の４年生のために、今年みんなが楽しいと感じたイベントは、来年の野外活動でもやらせてあげたいと思いました。

「みんな、どんなことを楽しいと思うかな。」

「先生にも結果を伝えたら、来年の野外活動に生かせるかも。」

目的「今年の野外活動での人気イベントを調査して、来年の野外活動の参考にしてもらう」
↓目的から問いを決める
問い「野外活動で一番楽しかったイベントは何か」

32

Plan（計画する）
①調べる項目を決める。
②データの集め方を考える。

①調べる項目は「**一番楽しかったイベント**」と「**楽しかった理由**」の２つにしました。

②先生に協力してもらって１組と２組でアンケートをとり、クラスごとの結果を集計することにしました。

やってみよう1

**アンケートの内容を考えよう。**

質問する内容を考えて、アンケート用紙に書き込みましょう。

野外活動のイベントに関するアンケート
こんにちは、５年１組の鈴木太一です。
来年の野外活動の参考とするため、みなさんに「楽しかったイベント」について聞いています。
アンケートへのご協力をお願いいたします。

①

②

ご協力ありがとうございました。

野外活動で行ったイベントは次の３つです。
・アスレチック
・自然工作
・野外炊飯

クラスは書いてもらう？

回答者に名前を書いてもらう？書いてもらわない？

調べる項目２つについて聞こう。

解答は36ページ

33

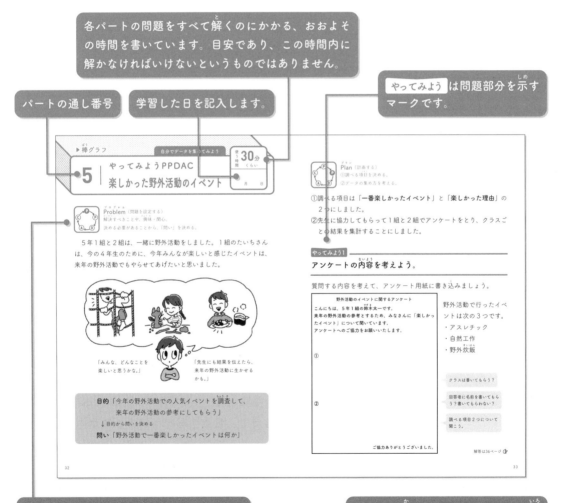

PPDAC マークです。そのワークが PPDAC サイクルのどの段階にあたるのかを示しています。「統計を使う学習に大事な PPDAC サイクル」➡16、17ページ

グラフを描く問題では、赤ペンや色鉛筆を使うなど、見やすいグラフを描く工夫をしてみてください。

各問題の後ろに解答があります。

▶は解答の解説が始まるマークです。

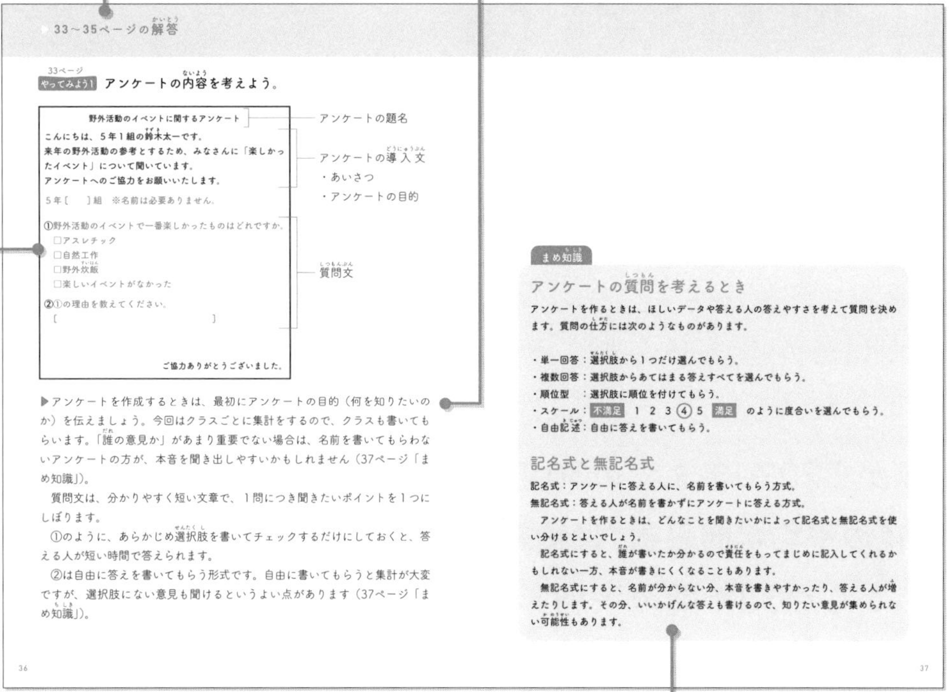
▶ 33～35ページの解答

33ページ
やってみよう1 アンケートの内容を考えよう。

野外活動のイベントに関するアンケート
こんにちは、5年1組の鈴木太一です。
来年の野外活動の参考とするため、みなさんに「楽しかったイベント」について聞いています。
アンケートへのご協力をお願いいたします。
5年［　］組　※名前は必要ありません。
①野外活動のイベントで一番楽しかったものはどれですか。
□アスレチック
□自然工作
□野外炊飯
□楽しいイベントがなかった
②①の理由を教えてください。
［　］
ご協力ありがとうございました。



▶アンケートを作成するときは、最初にアンケートの目的（何を知りたいのか）を伝えましょう。今回はクラスごとに集計をするので、クラスも書いてもらいます。「誰の意見か」があまり重要でない場合は、名前を書いてもらわないアンケートの方が、本音を聞き出しやすいかもしれません（37ページ「まめ知識」）。

質問文は、分かりやすく短い文章で、1問につき聞きたいポイントを1つにしぼります。

①のように、あらかじめ選択肢を書いてチェックするだけにしておくと、答える人が短い時間で答えられます。

②は自由に答えを書いてもらう形式です。自由に書いてもらうと集計が大変ですが、選択肢にない意見も聞けるというよい点があります（37ページ「まめ知識」）。

36

まめ知識

アンケートの質問を考えるとき

アンケートを作るときは、ほしいデータや答える人の答えやすさを考えて質問を決めます。質問の仕方には次のようなものがあります。

・単一回答：選択肢から1つだけ選んでもらう。
・複数回答：選択肢からあてはまる答えすべてを選んでもらう。
・順位型　：選択肢に順位を付けてもらう。
・スケール：不満足　1　2　3　④　5　満足　のように度合いを選んでもらう。
・自由記述：自由に答えを書いてもらう。

記名式と無記名式

記名式：アンケートに答える人に、名前を書いてもらう方式。
無記名式：答える人が名前を書かずにアンケートに答える方式。

アンケートを作るときは、どんなことを聞きたいかによって記名式と無記名式を使い分けるとよいでしょう。

記名式にすると、誰が書いたか分かるので責任をもってまじめに記入してくれるかもしれない一方、本音が書きにくくなることもあります。

無記名式にすると、名前が分からない分、本音を書きやすかったり、答える人が増えたりします。その分、いいかげんな答えも書けるので、知りたい意見が集められない可能性もあります。

37

自分の考えを書く問題の答えは1つではありません。解答では、例を紹介しています。

「まめ知識」では統計に限らない役立つ知識を紹介しています。

統計やデータを活用する力は、子どもから大人まですべての人に役立つ力なんですよ。

統計学に詳しいネコ先生

## おうちの方へ

本書のワークは基本的にお子さん1人で取り組めますが、答え合わせは一緒にしていただけると理解が深まります。また、問題の中には答えが1つではない「自分なりに考えてみる問題」も含まれています。そのような問題に関しては、お子さんと一緒に「問題に対して適切な解答ができているか」について話し合っていただけるとよいかもしれません。解答ページでは、解答例と解答を導き出すための考え方を提示しています。

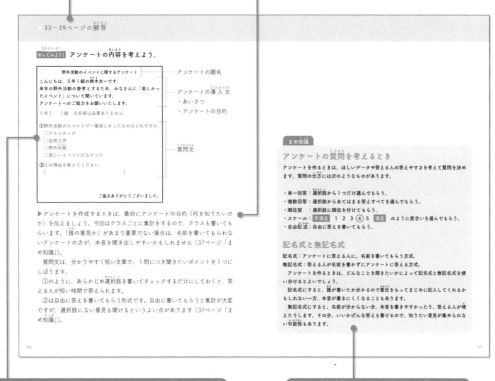

数字にはパワーがある

# 1 数字で示すと分かりやすくなる

使う時間 15分くらい

月　日

「地球がだんだん暖かくなっている」という話を聞いたことがあるでしょうか。しかし「だんだん」と言われても、どのくらい暖かくなっているのかは分かりませんね。そこで以下のように表してみます。

**1991年から2020年までの30年間では、日本の熱帯夜の平均年間日数※は約23日でした。**

**1910年からの30年間の平均年間日数（約9日）と比べて約2.6倍に増えています。**

昔は扇風機で過ごせていたけど、今はエアコンがないと危険な夜も…

※：［全国13地点平均］日最低気温25℃以上の日の年間日数
出典：気象庁ホームページ
（https://www.data.jma.go.jp/cpdinfo/extreme/extreme_p.html）
「大雨や猛暑日など（極端現象）のこれまでの変化」

熱帯夜の日数の変化を具体的に示すと、気温上昇の程度がよりイメージしやすくなりませんか。自分が住む地域のデータをもち出すことで、「寝苦しい夜が増えるのはいやだな」「じゃあわたしたちが大人になるころどうなるの？」と聞き手に興味をもってもらいやすくなるかもしれません。

言いたいことに数字を加えると、

- **事実を具体的に理解できる。**
- **説得力が増して、聞き手に興味をもってもらいやすくなる。**

こんな効果があります。

特に、公的機関などの信頼できるところが発表している数字や統計を使うと、説得力が増します。

やってみよう

## 言いたいことに数字を足してみよう。

**1** 塾(じゅく)に行ってるけど、野球もやりたい！と思うあなた。どんな数字を付け足したら、おうちの人は習い事を増(ふ)やすことを考えてくれるか、考えましょう。

ヒント：おうちの人はどんなことが心配になるかな？

**2** 出かけようとしている妹に「上着を持った方がいいよ」と言ったら、「今は暑いからいらない」と言われました。どんな数字を伝えたら、妹は「上着を持っていこう」と思うか考えましょう。

ヒント：妹が知らない情報(じょうほう)で説得(せっとく)できるかな？

解答例は20ページ

数字の根拠となるデータ！

# 2 データって何？ 統計って何？

読むのに 20分くらい

月　日

８ページで出てきた「日本で１年間の熱帯夜の平均日数が増えた」という情報は、気象庁が調べたデータに基づいています。データとは何でしょうか。

データ　＝　調査や実験、観察などで分かった事実やはかった値。そしてその集まりのこと。

身近な例で考えると、下にあるものもすべてデータと言えます。

過去10年の7月7日の天気

いろいろな街の人口

みんなの身長・体重

通信販売で何を買ったか

野球選手Ａさんの5年間のホームランの数

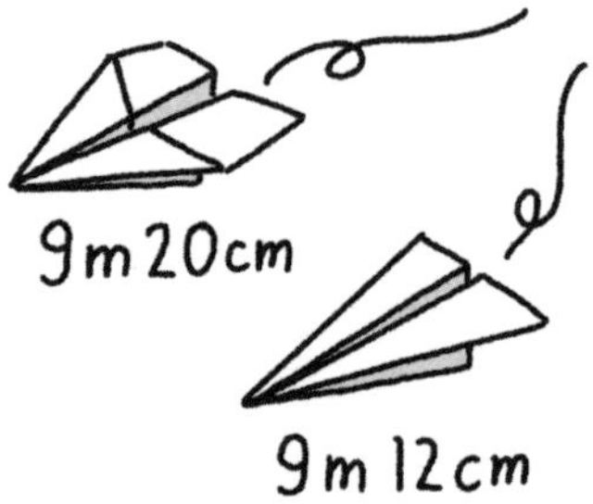


紙飛行機が飛んだ距離

本書のテーマである統計とは何でしょうか。大人も答えるのが難しい問いです。できるだけ簡単な言葉にすると、以下のように言えます。

**統計　＝　観察している集団から対象のデータを集めて、集めたデータから全体の様子を表したグラフや数字のこと。**

例えば「好きな本のジャンル」について、１人のデータだけでは統計になりませんが、クラス全員のデータを集め、グラフや表に整理し、クラス全体の様子が分かるようにすると、統計になります。

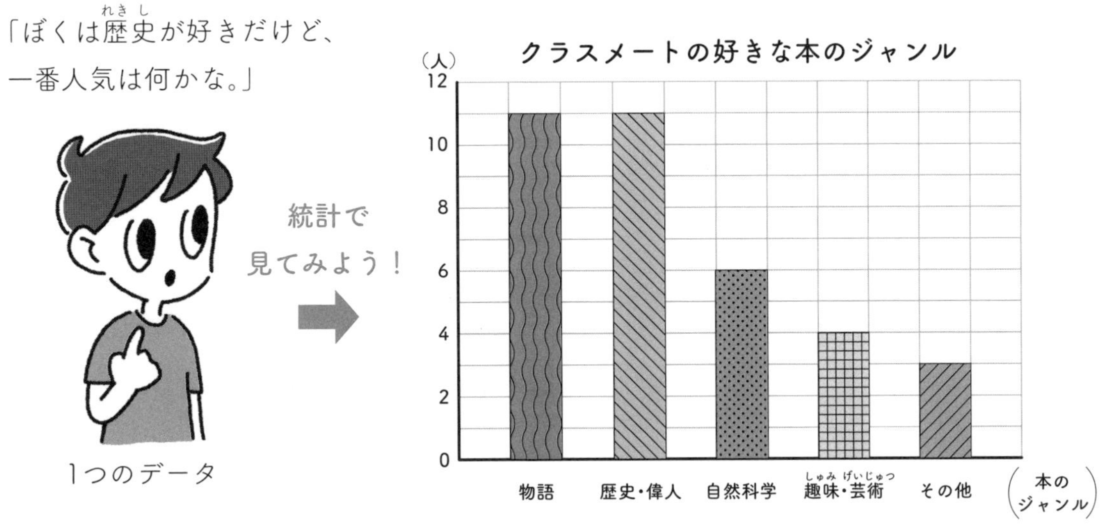

## 統計はどう役立つ？

統計を調べ、様子や傾向を読み取ることで、何ができるのでしょうか。次のように統計を役立てることができます。

### ❶ 説得力が増す

統計を示すことによって、自分の話に説得力をもたせることができます。言いたいことを裏付ける証拠のような役割もします。

「本をたくさん読む子は国語の点数が高くなる傾向があるよ。買って～」

「分かった。マンガはだめよ。」

### ❷ 予測ができる

データの傾向から、未来の予測を立てることができます。

これまでの気温変化を見ると、今年は15日に桜が満開になりそうです。
SAKURA

「15日にお花見をスケジュールしよう！」

### ❸ 解決策のヒントになる

統計が次にとるべき行動のヒントになることもあります。

「肥満は心臓病のリスクが高まるよ。パパがんばってやせて。」

「う、うん。」

仕事や社会のしくみにも、統計の考え方がたくさん役立てられています。

チーズを買った人が一緒に買った商品のデータがたくさん集まると、AI（人工知能）が学習してチーズ好きの人が買いたくなるような商品の広告をだす。

バスが遅れた理由や、時間帯ごとの利用者数のデータを集めて、運行ダイヤを見直す。

「あまり待たずに乗れるようになった。」

「どちらのクーポンがより使われるかな。」

飲食店でクーポンの内容を変えたりして、クーポンが利用された数や増えたお客さんの年齢を調べる。より効果のあるクーポンの内容を考える。

「統計データを調べ、何かを読み取り、課題を解決したり改善したりする」総合的な探究力が、社会をよくするうえで大きな武器になるのです。

## 統計グラフ

　データを集めて、見て分かりやすい図に表したものを**統計グラフ**と言います。データをグラフに表すと、全体の様子や傾向がぱっと見て分かりやすくなります。次の５つを見るのが、グラフを読み取るコツです。

### ❶ 全体の様子

「読んだ本の数がクラスで一番多かった人は、10冊読んでる！」
「１カ月に4、5冊読むという人が多いね。週に１冊くらいのペースだ。」

クラスの５月の読書冊数調べ

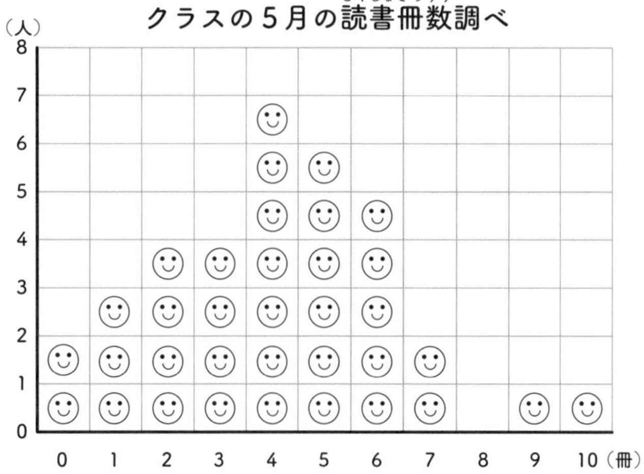


### ❷ 比較

「２組が一番本を読んでる！」

クラスごとの５月の平均読書冊数調べ

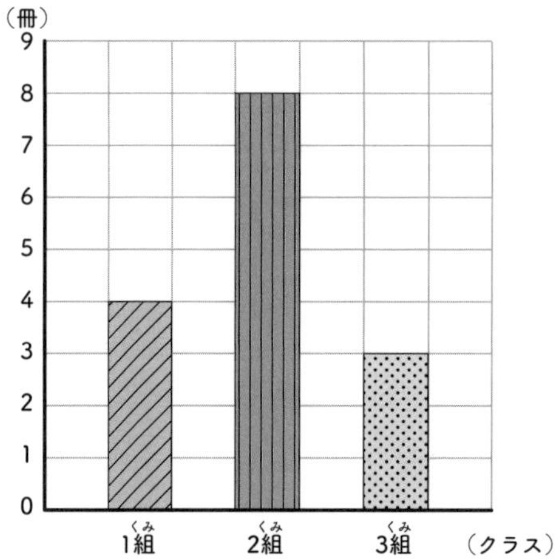

## 3 関係

「読書量が多い人は国語の点数も高いように見える。読書量と国語の点数はなんとなく関係がありそうだよ。」

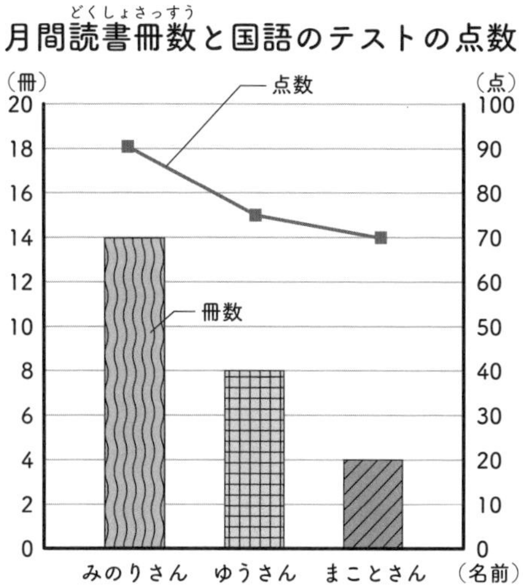


## 4 変化

「2組は9月から読書冊数が増えているね。」

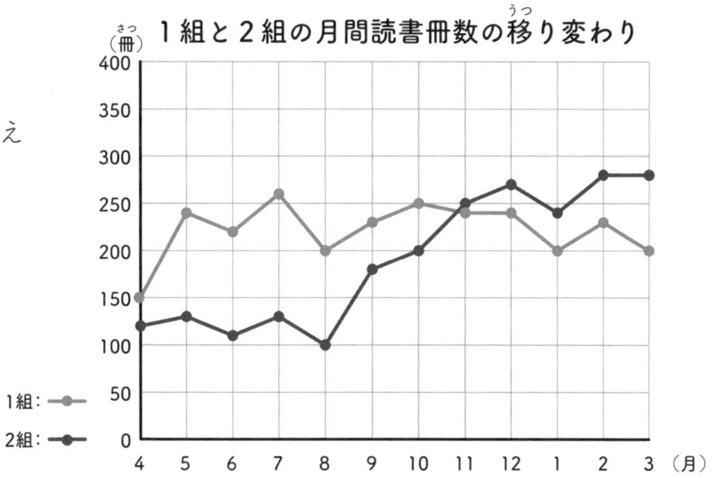


## 5 分け方

「物語と歴史・偉人の本が人気だね。」

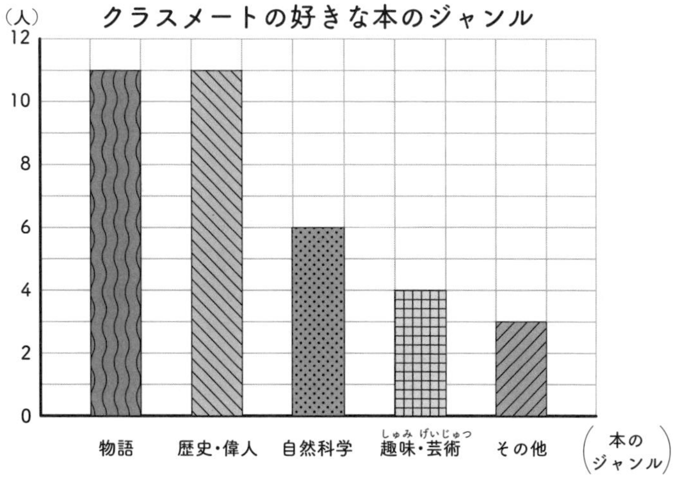

これぞ統計学習の肝！

使う時間 45分くらい　　月　日

# 3 統計を使った学習に大事なPPDACサイクル

「統計データを調べ、何かを読み取り課題を解決・改善する」には、PPDACサイクルという考え方が有効です。PPDACとは、「問題」「計画」「データ」「分析」「結論」の英語の頭文字をとったものです。この5つのステップを順番に回すと、統計を使った探究学習が上手にできます。

**5**

「問い」について調べて分かったことをまとめて、問題解決に役立てます。新しい疑問が出たら、次の「問い」にします。

「クラスのみんなに結果を発表して、出し物を決めよう。」

**4**

調べたデータを表やグラフにまとめて、データにどんな様子や傾向があるか考えます。

「おばけ屋敷が多いね。おばけ役も楽しいし、毎年お客さんに人気だもんね。」

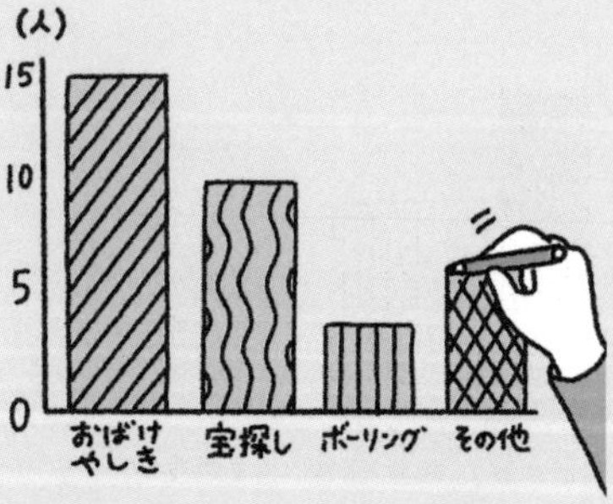

エーシー
AC
クル

## 1

### ここからスタート！

解決すべきこと、興味や関心があること、決める必要があることから、「問い」を決めます。

問い
「みんなのやりたい出し物は何だろう」

プロブレム
**Problem**
問題を設定する

## 2

「問い」に対して、どんなデータをどのように集めるか計画を立てます。
①調べる項目を決めましょう。
②データの集め方を考えましょう。

「やりたい出し物とその理由を、アンケートで集めよう」

プラン
**Plan**
計画を立てる

## 3

データを集め、目的に合ったデータを選んだり、見やすく表に整理したりします。

「回収します。」
「どうぞ。」

データ
**Data**
データを集めて整理する

やってみよう

## PPDACサイクルをおさらいしよう。

❶〜❺の〔　　〕に合う言葉を以下から選んで書きましょう。

**『分析する・計画を立てる・結論を出す・整理する・問題を設定する』**

❻には適した答えを書きましょう。

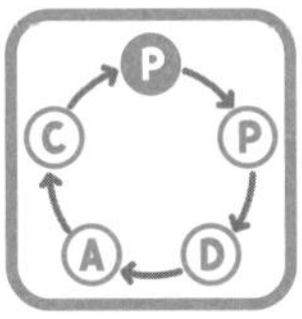


Problem ❶〔　　　　　　　　〕

解決すべきことや、興味・関心、決める必要があることから、「問い」を決める。

学校新聞を作っているひなたさんは、落とし物が多くて先生が困っていると聞きました。そこで、学校の落とし物を調べることにします。

**解決すべきこと**「学校での落とし物を減らす」

↓解決すべきことから問いを決める

**問い**「どんな落とし物が多いのか」

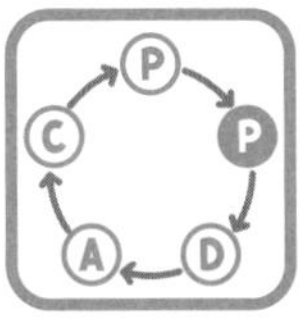


Plan ❷〔　　　　　　　　〕

①調べる項目を決める。

②データの集め方を考える。

①調べる項目は「**5月の落とし物の種類と数**」にしました。

②職員室に届けられた落とし物を種類ごとに分けて、集計します。

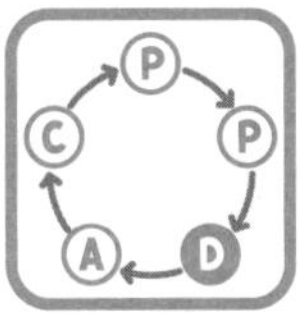


Data ❸〔　　　　　　　　〕

データを集めて、目的に合った情報を選び、整理する。

次の表は、届けられた落とし物を数えたものです。

| | ハンカチ | ヘアゴム | 文房具 | 水筒 | その他 |
|---|---|---|---|---|---|
| 個数（個） | 12 | 7 | 18 | 3 | 3 |

## Analysis ❹ 〔　　　　　　　　〕

データを表やグラフにする。
どんな様子や傾向があるか考える。

表をもとに、棒グラフを完成させます。左から順に、数が多い落とし物を並べます。

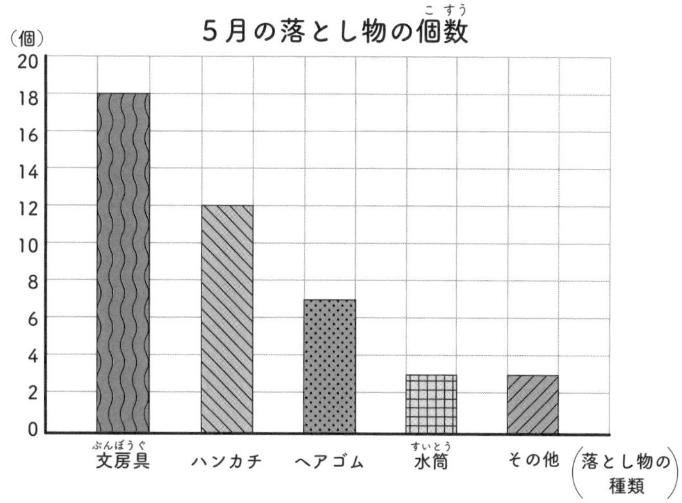


❻ グラフから様子や傾向を読み取ります。

・一番多い落とし物は文房具で、数は18個。

・二番目に多い落とし物はハンカチで、数は12枚。

・一番と二番目に多い落とし物の数を足すと〔　　　　〕個で、5月の落とし物全体の数は〔　　　　〕個。

## Conclusion ❺ 〔　　　　　　　　〕

表やグラフを使って
調べた結果をまとめて伝える。

問いについて調べて分かったことをまとめます。

**「一番多い落とし物は文房具で18個、二番目に多い落とし物はハンカチで12枚。この２つで５月の落とし物全体の半分以上を占める。」**

ひなたさんは、学校新聞でまず文房具とハンカチの落とし物を減らすための呼びかけをすることにしました。

解答は21ページ

9ページ
**やってみよう** 言いたいことに数字を足してみよう。

❶ 塾に行ってるけど、野球もやりたい！と思うあなた。どんな数字を付け足したら、おうちの人は習い事を増やすことを考えてくれるか、考えましょう。

［解答例］

・クラスの３分の２が、２つ以上の習い事を両立させているよ。

・５年生の半分以上が、勉強と運動を１つずつ習っているよ。

・いろいろな野球クラブの月謝を調べたんだ。月3500円ですむクラブが一番安いから、そこに入らせて！

▶答えは１つではありません。あなたが考えた、おうちの人が心配しそうなことに対して、安心できるような数字を足せたら、解答例とは違っていても正解です。習い事が両立できるか心配していると考えたなら、「環境が近い人がいくつかの習い事を両立させている」ことを示す数字を足すと、説得力が増すかもしれません。お金の心配をしていると考えたなら、調べた月謝を伝えると、おうちの人は安心するかもしれません。

❷ 出かけようとしている妹に「上着を持った方がいいよ」と言ったら、「今は暑いからいらない」と言われました。どんな数字を伝えたら、妹は「上着を持っていこう」と思うか考えましょう。

［解答例］

・昼の最高気温は25℃だけど、夕方には15℃になるって天気予報で言っていたよ。

・今は晴れているけれど、夕方の降水確率は80％だよ。雨が降ったら寒くなるよ。

▶答えは１つではありません。「上着を持った方がいい理由」となる数字を足せれば正解です。気温変化の予報や降水確率を教えてあげると、妹が納得してくれるかもしれません。

18ページ

## やってみよう　PPDACサイクルをおさらいしよう。

**❶ 問題を設定する　❷ 計画を立てる　❸ 整理する**

**❹ 分析する　❺ 結論を出す**

❻ グラフから様子や傾向を読み取ります。

・一番と二番目に多い落とし物の数を足すと〔　30　〕個で、

５月の落とし物全体の数は〔　43　〕個です。

▶❻文房具とハンカチの数を足すと18＋12＝30。全体の落とし物の数は18＋12＋7＋３＋3＝43。

棒グラフは、棒が大きい順に並べると順位がよく分かります。「学校での落とし物を減らす」ために今回の結論を生かすときは、上位の項目への対策からはじめると全体の件数を減らしやすいかもしれません。

例えば、文房具には名前を書くように声がけするという対策です。３件しかない水筒の落とし物に対策を行っても、落とし物は３個しか減る余地がありません。18件ある文房具や12件あるハンカチの落とし物に先に対策を行う方が、落とし物をたくさん減らせる可能性は高まります。

# 4 棒グラフを学ぼう

使う時間 60分くらい

月　日

統計グラフの基本とも言える棒グラフを描いて、読み取る練習をしましょう。棒グラフは、量の多い少ないを比べたいときに使うグラフです。

**棒グラフって？** 数や量の大きさを棒の長さで表すグラフ

**どんなときに使う？** 複数のデータの間で数や量を比べたいとき

**棒グラフを描くコツ**

クラスメートの家庭内の子どもの数（何人きょうだい・しまい・一人っ子？）

| 家庭内の子どもの数 | 1人 | 2人 | 3人 | 4人 | 5人以上 |
|---|---|---|---|---|---|
| 人数（人） | 11 | 17 | 3 | 1 | 0 |

最大目盛りは一番大きい棒の値より少し大きくする

最大目盛りを決めてから、目盛りの単位を決める（1や5、10など、きりのいい数で）

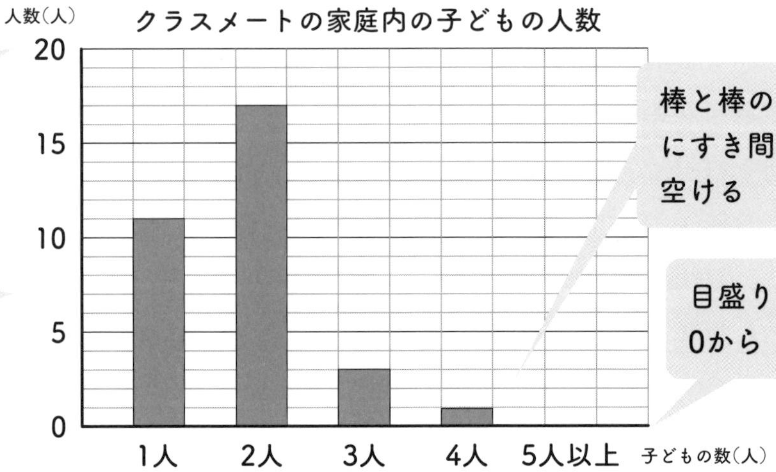


棒と棒の間にすき間を空ける

目盛りは0から

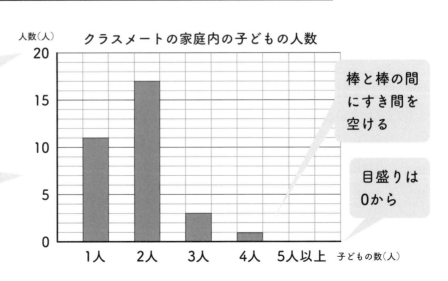

やってみよう1

# 棒グラフを描こう。

クラス全員にカードを配り、好きなおやつを書いてもらいました。

| | | | | | |
|---|---|---|---|---|---|
| アイス ✓ | チョコレート ✓ | チョコレート ✓ | せんべい ✓ | チョコレート | チョコレート |
| チョコレート | チョコレート | アイス | チョコレート | アイス | せんべい |
| チョコレート | チョコレート | チョコレート | チョコレート | チョコレート | アイス |
| せんべい | アイス | アイス | せんべい | チョコレート | チョコレート |
| アイス | チョコレート | チョコレート | チョコレート | アイス | チョコレート |

**1** 正の字またはタリーチャートを使って、カードを集計しましょう。

| | 正の字またはタリーチャート | 合計（人） |
|---|---|---|
| アイス | 一 | |
| チョコレート | T | |
| せんべい | 一 | |

「タリーチャート」も使ってみよう！

何かを集計するときに、日本では「正」の字を使って数え上げますが、世界の統計教育では「タリーチャート」を使います。5を1つのかたまりとして数えるのは一緒なので使ってみてください。

**2** グラフの表題を書きましょう。

**3** 横軸の［　］におやつの種類を書きましょう。左から人数が多い順に書きます。

**4** 縦軸の□に目盛りの数字を、（　）に単位を書きましょう。

**5** 棒グラフを描きましょう。

4（　）　2［　　　　］

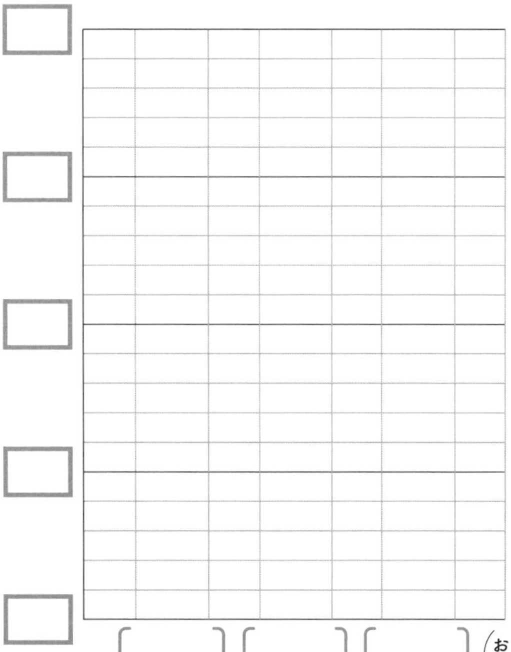

3［　　］［　　］［　　］（おやつの種類）

解答は27ページ

やってみよう2

## グラフを描(か)いて読み取ろう。

ひろとさんは友達３人と回転寿司(ずし)に連れて行ってもらいました。みんなの前にはそれぞれが食べたお皿が積んであります。

ひろと　　ななみ　　たかし　　はな

**1** 正の字またはタリーチャートを使って、お皿の枚数(まいすう)を数えましょう。

| | ひろと | ななみ | たかし | はな |
|---|---|---|---|---|
| 正の字<br>または<br>タリー<br>チャート | 卌<br>卌<br>\|\|\|\| | | | |
| 合計<br>枚数（枚） | 14 | | | |

**2** 表から棒(ぼう)グラフを完成させましょう。左から皿の枚数が多い人の順に棒を並(なら)べます。

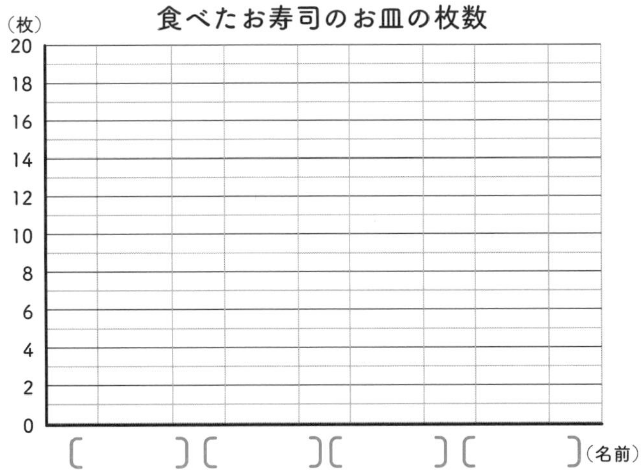


**3** 最も多く食べた人は、最も食べなかった人より何枚分(なんまいぶん)多く食べましたか。 [　　　　　　]

解答は28ページ

やってみよう3

## 2つの棒グラフを並べたグラフを読み取ろう。

2つの集団で同じことを調べたとき、2つの棒グラフを1つにすることもできます。下の表は1組と2組の水槽の生物を数えたものです。

**1組と2組の水槽の生物**

| 組＼生物の種類 | メダカ | 川エビ | タニシ |
|---|---|---|---|
| 1組の水槽（匹） | 24 | 14 | 2 |
| 2組の水槽（匹） | 28 | 4 | 10 |
| 合計 | 52 | 18 | 12 |

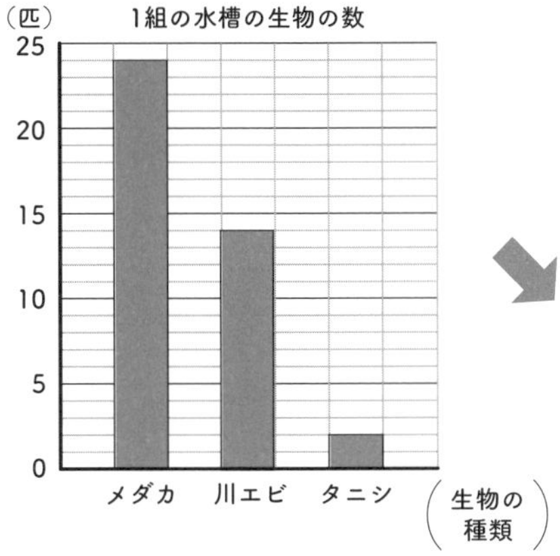


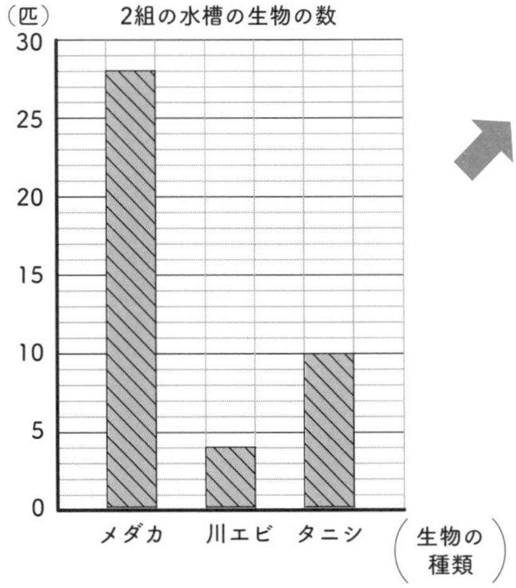


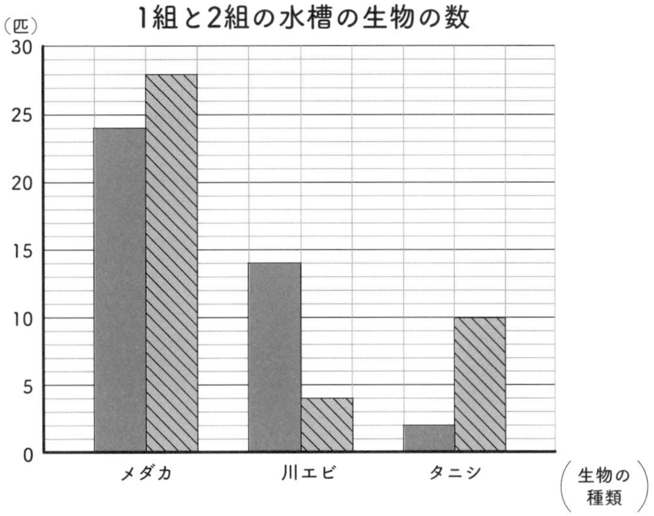


**1** 1組の方が多い生物は何ですか。　〔　　　　〕

**2** 2つの組の合計が最も多いのはどの生物ですか。　〔　　　　〕

解答は29ページ

やってみよう4

# 表から棒グラフを描いて読み取ろう。

みなとさんとたけるさんはテレビゲームで勝負をしています。

**2人が5回戦まで対戦した得点結果**

| 対戦回目 / 名前 | 1回目 | 2回目 | 3回目 | 4回目 | 5回目 |
|---|---|---|---|---|---|
| みなとさんの得点（点） | 1100 | 1000 | 900 | 1100 | 1100 |
| たけるさんの得点（点） | 400 | 700 | 950 | 900 | 1000 |

**1** 表をもとに、グラフを完成させましょう。

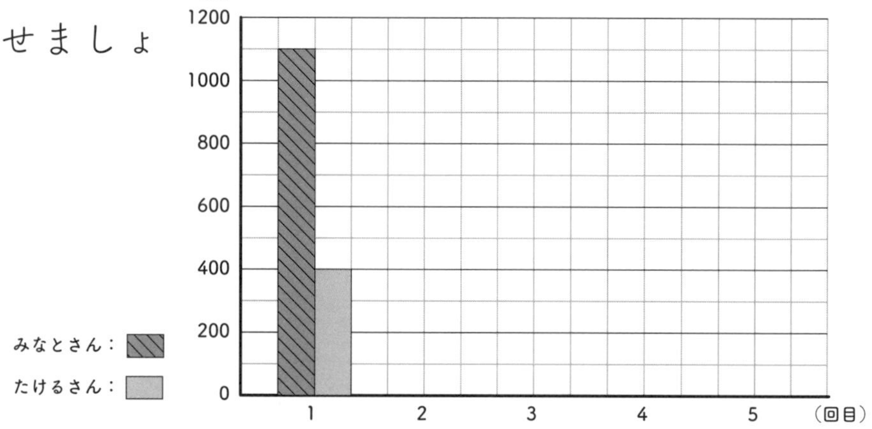


**2** 2人の最高点と最低点は何点ですか。

みなとさん［最高点：　　／最低点：　　］

たけるさん［最高点：　　／最低点：　　］

**3** 最も点差が少なかったのは何回戦で、何点の差でどちらが勝ちましたか。［　　］

**4** 勝った回数が多いのはどちらですか。［　　］

解答は30ページ

23ページ
## やってみよう1 棒グラフを描こう。

| | | | | | |
|---|---|---|---|---|---|
| アイス✓ | チョコレート✓ | チョコレート✓ | せんべい✓ | チョコレート | チョコレート |
| チョコレート | チョコレート | アイス | チョコレート | アイス | せんべい |
| チョコレート | チョコレート | チョコレート | チョコレート | チョコレート | アイス |
| せんべい | アイス | アイス | せんべい | チョコレート | チョコレート |
| アイス | チョコレート | チョコレート | チョコレート | アイス | チョコレート |

❶ 正の字またはタリーチャートを使って、カードを集計しましょう。

| | 正の字またはタリーチャート | 人数（人） |
|---|---|---|
| アイス | 正 下 | 8 |
| チョコレート | 正 正 正 下 | 18 |
| せんべい | 𤴓 | 4 |

❷ グラフの表題を書きましょう。

❸ 横軸（よこじく）の〔　〕におやつの種類を書きましょう。左から人数が多い順に書きます。

❹ 縦軸（たてじく）の□に目盛（めも）りの数字を、（　）に単位を書きましょう。

❺ 棒グラフを描きましょう。

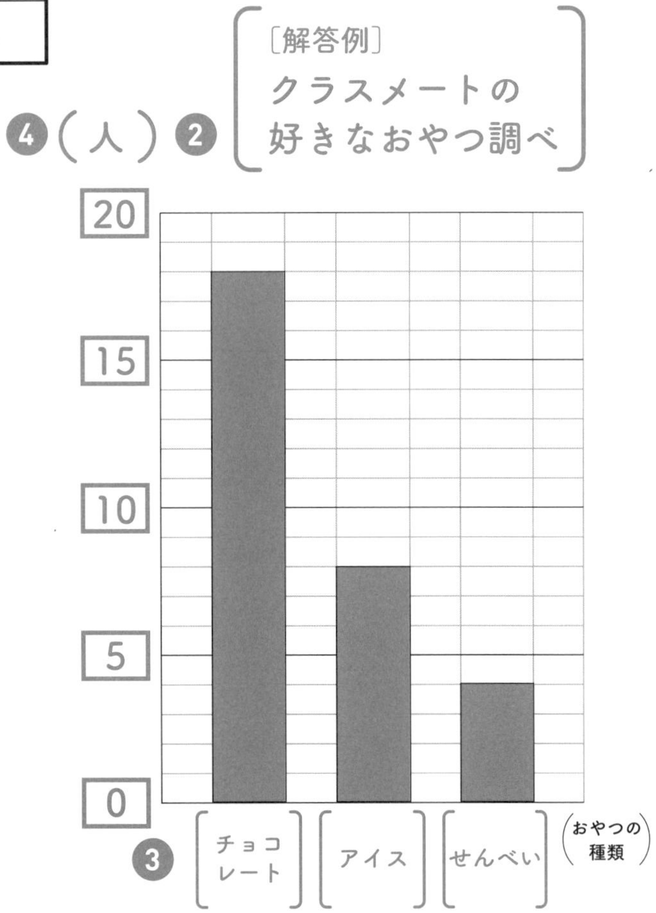

▶❶カードにチェック✓を付けてから、タリーチャート（もしくは正の字）の棒を足す、という動作を繰り返してもれがないように数えます。
❷「クラスメートの好きなおやつ」「クラス全員の好きなおやつのグラフ」なども正解です。
❸どの項目の棒グラフか分かるように、横軸の下におやつの種類を書きます。棒を長い順に並べると、人気の順位が分かりやすくなります。
❹1マスが1人にあたるので、人数の分だけマスを塗って棒グラフを描きます。棒グラフは量の違いが見た目で分かりやすいグラフです。多い項目、少ない項目の棒を比べて、その差がどれくらいか、どちらがどちらの何倍なのかなどを見てみましょう。

24ページ

## やってみよう2 グラフを描いて読み取ろう。

❶

| | ひろと | ななみ | たかし | はな |
|---|---|---|---|---|
| 正の字またはタリーチャート | 卌 卌 \|\|\|\| | 卌 \| | 卌 卌 卌 \|\|\| | 卌 \|\|\|\| |
| 合計枚数（枚） | 14 | 6 | 18 | 9 |

❷ 表から棒グラフを完成させましょう。左から皿の枚数が多い人の順に棒を並べます。

食べたお寿司のお皿の枚数

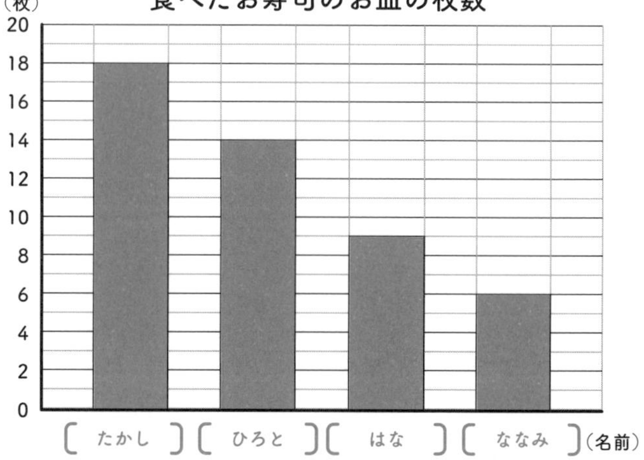


❸ 最も多く食べた人は、最も食べなかった人より何枚分多く食べましたか。 〔 12枚 〕

▶❸18－6＝12皿。

25ページ

## やってみよう3　2つの棒グラフを並べたグラフを読み取ろう。

**1組と2組の水槽の生物**

| 組＼生物の種類 | メダカ | 川エビ | タニシ |
|---|---|---|---|
| 1組の水槽（匹） | 24 | 14 | 2 |
| 2組の水槽（匹） | 28 | 4 | 10 |
| 合計 | 52 | 18 | 12 |

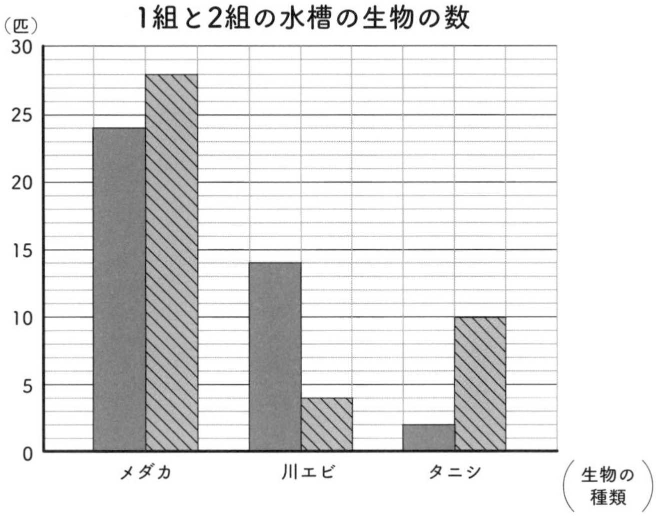


❶ 1組の方が多い生物は何ですか。　〔 川エビ 〕

❷ 2つの組の合計が最も多いのはどの生物ですか。　〔 メダカ 〕

▶❶1、2組のグラフが並んでいると値を比べやすくなります。1組の棒の方が長いのは川エビだけです。
❷2つの組の合計はメダカが52匹、川エビが18匹、タニシが12匹なのでメダカが最も多いです。

26ページ

## やってみよう4 表から棒(ぼう)グラフを描(か)いて読み取ろう。

**2人が5回戦まで対戦した得点(とくてん)結果**

| 名前＼対戦回目 | 1回目 | 2回目 | 3回目 | 4回目 | 5回目 |
|---|---|---|---|---|---|
| みなとさんの得点（点） | 1100 | 1000 | 900 | 1100 | 1100 |
| たけるさんの得点（点） | 400 | 700 | 950 | 900 | 1000 |

❶

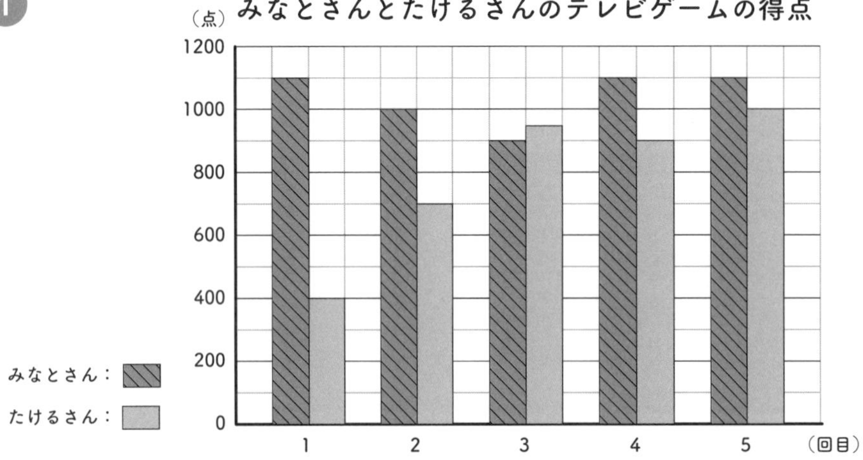


❷ 2人の最高点と最低点は何点ですか。

みなとさん〔最高点：1100点　／最低点：900点〕

たけるさん〔最高点：1000点　／最低点：400点〕

❸ 最も点差が少なかったのは何回戦で、何点の差でどちらが勝ちましたか。

〔3回戦　50点差でたけるさんが勝った〕

❹ 勝った回数が多いのはどちらですか。〔みなとさん〕

▶❷みなとさんとたけるさんそれぞれの棒(ぼう)グラフで、一番長い棒と一番短い棒を探(さが)します。みなとさんの棒（青）で一番長い棒の値(あたい)は1100点、一番短い棒の値は900点です。たけるさんの棒（水色）で一番長い棒の値は1000点、一番短い棒の値は400点です。

❸２人の点差が最も少ないのは、３回戦の点差50点です。

❹勝った回数が多いのは、５回戦中４回（80％の割合で）勝っているみなとさんです。しかし、下のグラフの→を見ると、たけるさんはだんだん点数が上がる傾向にあり、うまくなっている様子が読み取れます。いつかみなとさんを追い越すかもしれませんね。

**みなとさんとたけるさんのテレビゲームの得点**

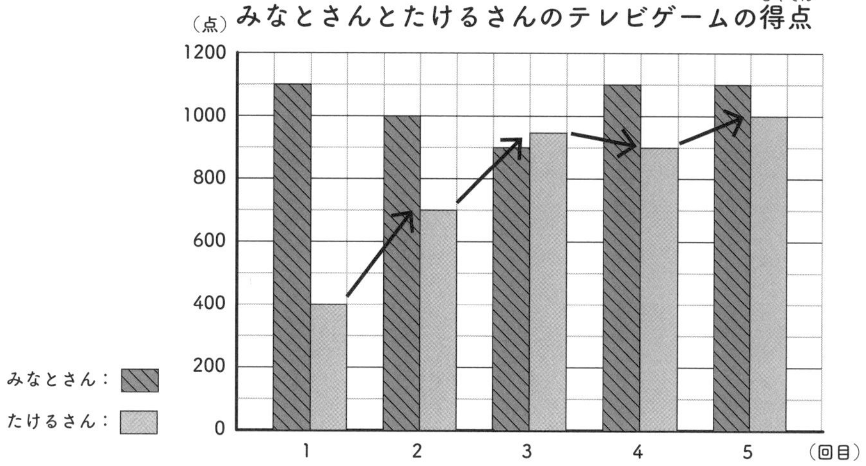

自分でデータを集めてみよう

使う時間 30分くらい

月　日

# 5 やってみようPPDAC 楽しかった野外活動のイベント

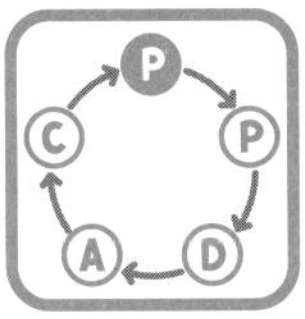


**Problem**（問題を設定する）
解決すべきことや、興味・関心、
決める必要があることから、「問い」を決める。

５年１組と２組は、一緒に野外活動をしました。１組のたいちさんは、今の４年生のために、今年みんなが楽しいと感じたイベントは、来年の野外活動でもやらせてあげたいと思いました。

「みんな、どんなことを楽しいと思うかな。」

「先生にも結果を伝えたら、来年の野外活動に生かせるかも。」

**目的**「今年の野外活動での人気イベントを調査して、来年の野外活動の参考にしてもらう」

↓目的から問いを決める

**問い**「野外活動で一番楽しかったイベントは何か」

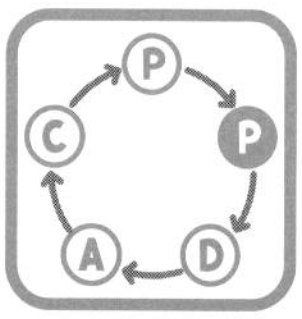


Plan（計画する）
①調べる項目を決める。
②データの集め方を考える。

①調べる項目は「**一番楽しかったイベント**」と「**楽しかった理由**」の２つにしました。

②先生に協力してもらって１組と２組でアンケートをとり、クラスごとの結果を集計することにしました。

**やってみよう1**

## アンケートの内容を考えよう。

質問する内容を考えて、アンケート用紙に書き込みましょう。

**野外活動のイベントに関するアンケート**

**こんにちは、５年１組の鈴木太一です。**
**来年の野外活動の参考とするため、みなさんに「楽しかったイベント」について聞いています。**
**アンケートへのご協力をお願いいたします。**

①

②

**ご協力ありがとうございました。**

野外活動で行ったイベントは次の３つです。

- アスレチック
- 自然工作
- 野外炊飯

クラスは書いてもらう？

回答者に名前を書いてもらう？書いてもらわない？

調べる項目２つについて聞こう。

解答は36ページ

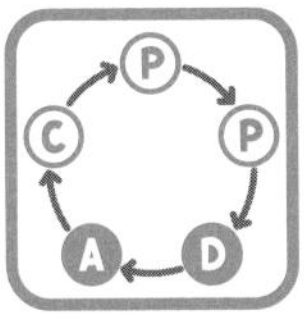


**Data**（データを集めて整理する）
データを集めて、目的に合った情報を選び、整理する。

&

**Analysis**（分析する）
データを表やグラフにする。どんな様子や傾向があるか考える。

やってみよう2

# 棒グラフを描いて、読み取ろう。

**一番楽しかったイベント集計結果**

| 組＼イベント | アスレチック | 自然工作 | 野外炊飯 | 楽しいイベントがなかった |
|---|---|---|---|---|
| 1組（人） | 15 | 5 | 19 | 3 |
| 2組（人） | 22 | 5 | 13 | 2 |

〈楽しいと思った主な理由〉

アスレチック：
・体を動かすのが楽しかった。
・普段遊べない大きなアスレチックに挑戦するのが楽しかった。

自然工作：
・どんな工作にするのか考えるのが楽しかった。

野外炊飯：
・みんなで料理をするのが楽しかった。
・カレーがおいしかった。

**1** 表をもとに、棒グラフを描きましょう。

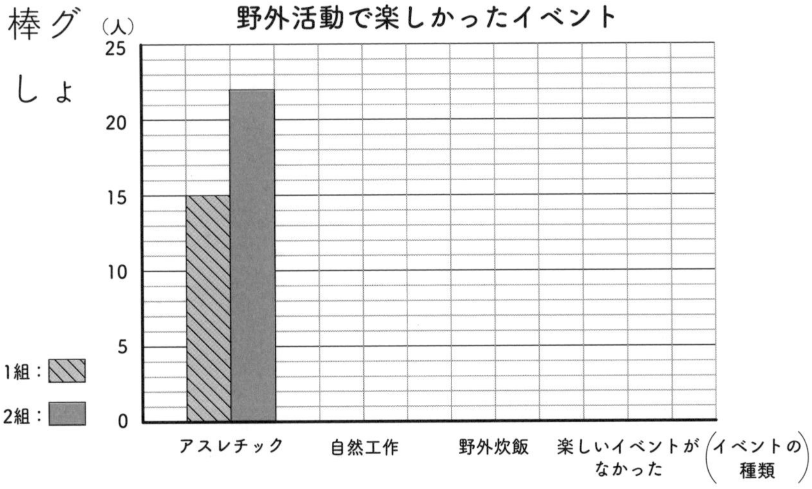

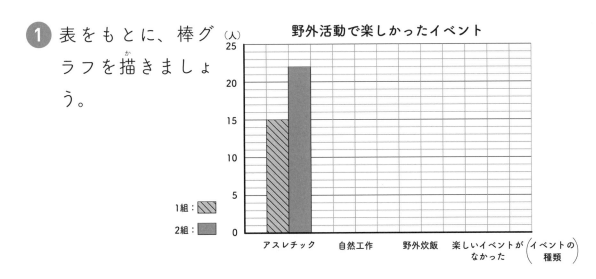

**2** 1組で一番人気だったイベントは何ですか。 〔　　　　〕

**3** 2組で一番人気だったイベントは何ですか。 〔　　　　〕

**4** 3種類のイベントの中で、1組2組両方で人気がなかったイベントは何ですか。 〔　　　　〕

解答は38ページ

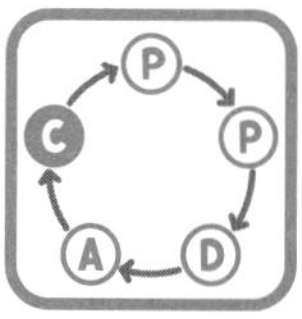


Conclusion（結論を出す）
表やグラフを使って
調べた結果をまとめて伝える。

やってみよう3

## 分かったことをまとめよう。

問いについて調べて分かったことをまとめます。

『1組では〔　　〕票集めた〔　　　　〕、2組では〔　　〕票集めた〔　　　　〕が一番楽しめたと人気だった。』

解答は39ページ

たいちさんは、今年人気だったイベントを来年も取り入れると、野外活動の満足度が高いのではないかと先生に伝えました。

分かったことが今後どんなときに役に立つのか、違う場面でどう応用できるのか考えることがとても重要です。

# ▶ 33〜35ページの解答

33ページ
## やってみよう1　アンケートの内容を考えよう。

野外活動のイベントに関するアンケート

こんにちは、５年１組の鈴木太一です。
来年の野外活動の参考とするため、みなさんに「楽しかったイベント」について聞いています。
アンケートへのご協力をお願いいたします。

５年〔　　〕組　※名前は必要ありません。

①野外活動のイベントで一番楽しかったものはどれですか。
□アスレチック
□自然工作
□野外炊飯
□楽しいイベントがなかった

②①の理由を教えてください。
〔　　　　　　　　　　　　　　　　　〕

ご協力ありがとうございました。

アンケートの題名

アンケートの導入文
・あいさつ
・アンケートの目的

質問文

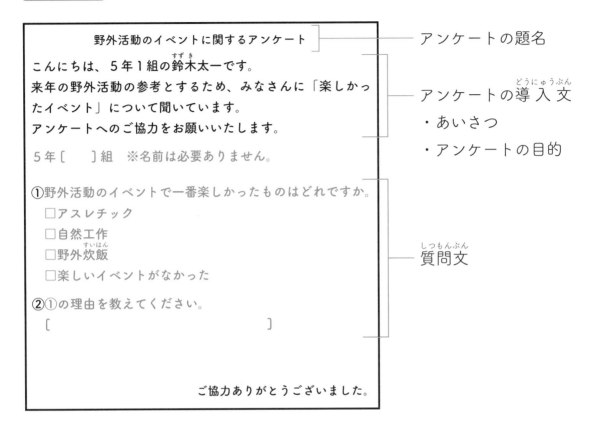

▶上の答えは解答例です。アンケートを作成するときは、最初にアンケートの目的（何を知りたいのか）を伝えましょう。今回はクラスごとに集計をするので、クラスも書いてもらいます。「誰の意見か」があまり重要でない場合は、名前を書いてもらわないアンケートの方が、本音を聞き出しやすいかもしれません（37ページ「まめ知識」）。

質問文は、分かりやすく短い文章で、１問につき聞きたいポイントを１つにしぼります。

①のように、あらかじめ選択肢を書いてチェックするだけにしておくと、答える人が短い時間で答えられます。

②は自由に答えを書いてもらう形式です。自由に書いてもらうと集計が大変ですが、選択肢にない意見も聞けるというよい点があります（37ページ「まめ知識」）。

まめ知識

## アンケートの質問を考えるとき

アンケートを作るときは、ほしいデータや答える人の答えやすさを考えて質問を決めます。質問の仕方には次のようなものがあります。

・単一回答：選択肢から１つだけ選んでもらう。
・複数回答：選択肢からあてはまる答えすべてを選んでもらう。
・順位型　：選択肢に順位を付けてもらう。
・スケール：不満足　1　2　3　④　5　満足　のように度合いを選んでもらう。
・自由記述：自由に答えを書いてもらう。

## 記名式と無記名式

記名式：アンケートに答える人に、名前を書いてもらう方式。
無記名式：答える人が名前を書かずにアンケートに答える方式。

　アンケートを作るときは、どんなことを聞きたいかによって記名式と無記名式を使い分けるとよいでしょう。

　記名式にすると、誰が書いたか分かるので責任をもってまじめに記入してくれるかもしれない一方、本音が書きにくくなることもあります。

　無記名式にすると、名前が分からない分、本音を書きやすかったり、答える人が増えたりします。その分、いいかげんな答えも書けるので、知りたい意見が集められない可能性もあります。

34ページ

## やってみよう2 棒(ぼう)グラフを描(か)いて、読み取ろう。

一番楽しかったイベント集計結果

| 組＼イベント | アスレチック | 自然工作 | 野外炊飯(やがいすいはん) | 楽しいイベントがなかった |
|---|---|---|---|---|
| 1組（人） | 15 | 5 | 19 | 3 |
| 2組（人） | 22 | 5 | 13 | 2 |

❶ 表をもとに棒グラフを描きましょう。

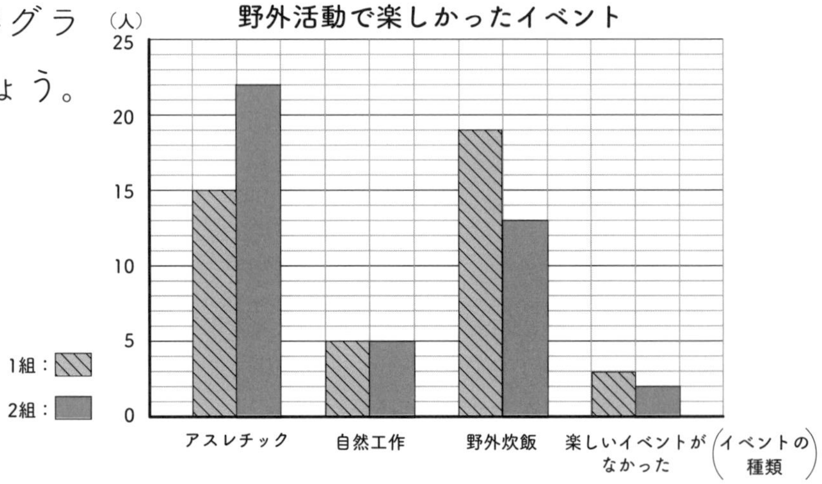


❷ 1組で一番人気だったイベントは何ですか。　（野外炊飯）

❸ 2組で一番人気だったイベントは何ですか。　（アスレチック）

❹ 3種類のイベントの中で、1組2組両方で人気がなかったイベントは何ですか。　（自然工作）

▶❷1組で一番人気だったのは、19票集めた野外炊飯です。
❸2組で一番人気だったのは、22票集めたアスレチックです。
❹人気がなかったのは、両方のクラスで5票と一番票が少なかった自然工作です。

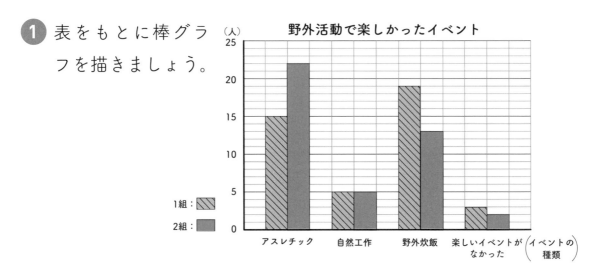

35ページ

## やってみよう3 分かったことをまとめよう。

問い(と)について調べて分かったことをまとめます。

『1組では〔 19 〕票集めた〔 野外炊飯(すいはん) 〕、2組では〔 22 〕票集めた〔 アスレチック 〕が一番楽しめたと人気だった。』

▶問いに対して、1組では野外炊飯、2組ではアスレチックが生徒が一番楽しいと感じたイベントであるということを書きます。

アンケートの②で、野外炊飯とアスレチックが人気だった理由を見てみると、みんながその2つの何を楽しいと感じたのかが分かるかもしれません。

はじめにProblem(プロブレム)で決めた問いに対(たい)応(おう)した結論を出すことが大切です。今回決めた問いは『野外活動で一番楽しかったイベントは何か』でした。うまく対応した結論を書けましたか。

# 6 折れ線グラフを学ぼう

使う時間 40分くらい

月　日

点と点を線で結んだ折れ線グラフも、大事な統計グラフです。折れ線グラフを描いて、読み取る練習をしましょう。

**折れ線グラフって？** 数や量の変化を線で表すグラフ

**どんなときに使う？** 数や量の変化や時間ごとの変化を見たいとき

**折れ線グラフを描くコツ**

縦の最大目盛りは値の最大値より少し大きくする

縦のデータは数量

点と点は直線でつなぐ

| 時間(時) | 気温(℃) |
|---|---|
| 午前 8 | 11.5 |
| 9 | 12.3 |
| 10 | 16.2 |
| 11 | 20.1 |
| 午後 12 | 22.3 |
| 1 | 22.5 |
| 2 | 23.1 |
| 3 | 22.6 |
| 4 | 19.4 |
| 5 | 17.2 |
| 6 | 14.3 |
| 7 | 13.2 |
| 8 | 12.5 |

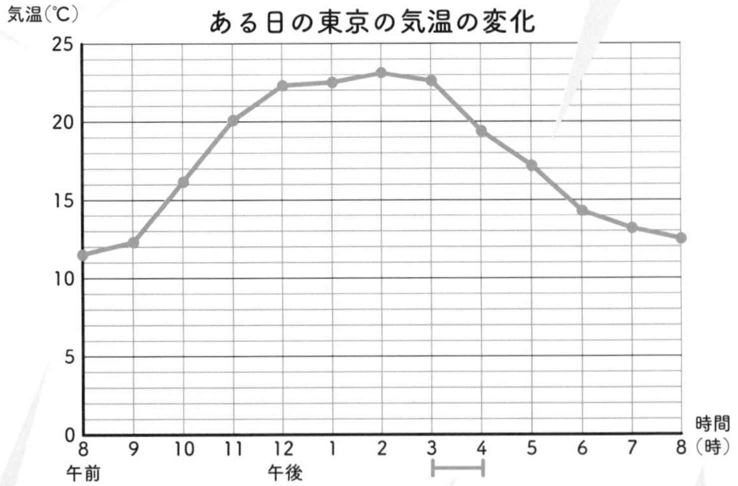


最大目盛りを決めてから、目盛りの単位を決める（1や5、10、100など、きりのいい数字で）

1目盛りの幅（単位）をすべて同じにする

横のデータは時間的要素が多い

## 折れ線グラフの読み方のコツ

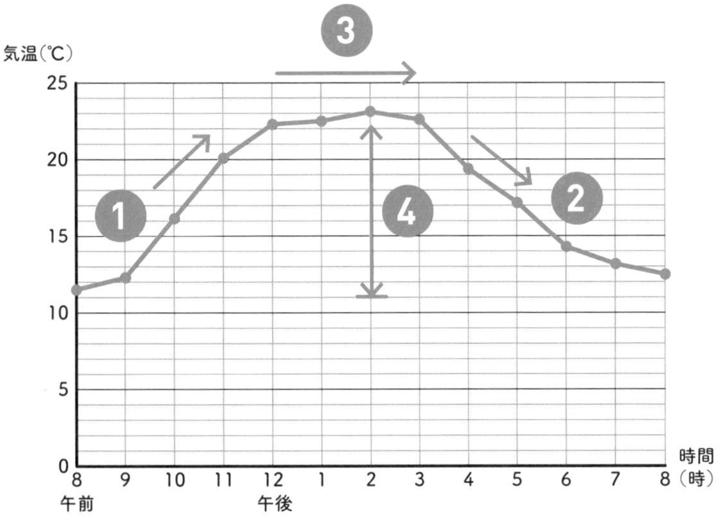


1 増えていく傾向

2 減っていく傾向

3 一定の傾向

この折れ線の平らな部分では、「気温が一定」という傾向が読み取れます。

4 変化した量の幅

まめ知識

## 棒グラフと折れ線グラフの違い

データや言いたいことによって、棒グラフが適しているのか、折れ線グラフが適しているのか（あるいはまた別のグラフなのか）が決まります。

棒グラフは数や量を比べるときに使います。比べたいもの、人、場所が複数あるときは棒グラフがいいでしょう。

一方、折れ線グラフは１つの線で１つの数量の変化を表すときに使います。

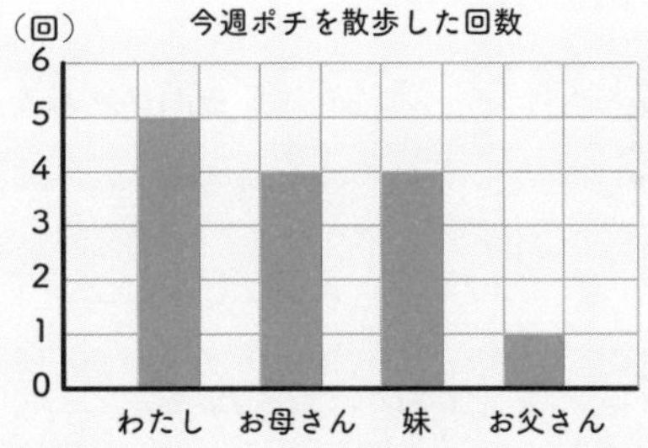


複数の人の回数を比べている

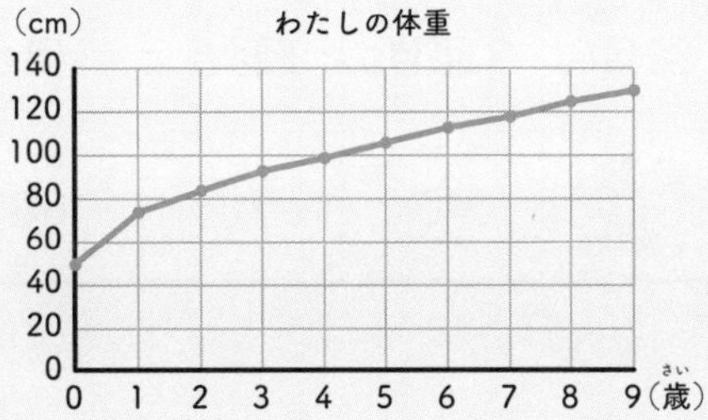


体重の変化を見ている

時間ごとのデータを表したいときは折れ線がグッド！

やってみよう1

## 次のデータは、棒(ぼう)グラフと折れ線グラフのどちらを使うとよいか、○を付けよう。

1 クラスのみんなのランドセルの重さを比(くら)べたいとき
⇒（棒グラフ・折れ線グラフ）

2 東小学校と南小学校のある年の新入生の人数を比べたいとき
⇒（棒グラフ・折れ線グラフ）

3 ある町の1年間の月ごとの最高気温の変化を見たいとき
⇒（棒グラフ・折れ線グラフ）

4 ある日のクラス全員の漢字テストの点数を比べたいとき
⇒（棒グラフ・折れ線グラフ）

解答は46ページ

やってみよう2

## 折れ線グラフを読み取ろう。

ゆいさんのクラスでは毎日、計算の小テストをしています。次の表とグラフはゆいさんのテスト1回目から8回目の点数を表したものです。

**ゆいさんの計算小テストの点数**

| 回目 | 1回目 | 2回目 | 3回目 | 4回目 | 5回目 | 6回目 | 7回目 | 8回目 |
|---|---|---|---|---|---|---|---|---|
| 点数（点） | 40 | 70 | 80 | 90 | 95 | 90 | 95 | 95 |

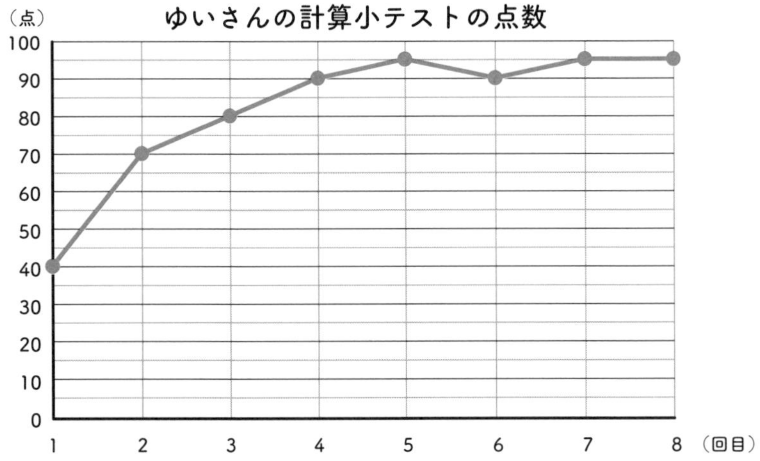


1 縦軸(たてじく)は何を表していますか。 [　　　　　　]

2 縦軸の１目盛(めも)りは何を表していますか。 [　　　　　　]

3 ゆいさんの最高点は何点で何回目ですか。

[　　　　　　]

4 点数の変化の幅が一番大きかったのは何回目と何回目の間ですか。

[　　回目と　　回目の間]

5 ゆいさんの点数の変化にはどんな特徴(とくちょう)がありますか。

[ヒント：テストの前半と後半では点数の変化の様子に違いがある？]

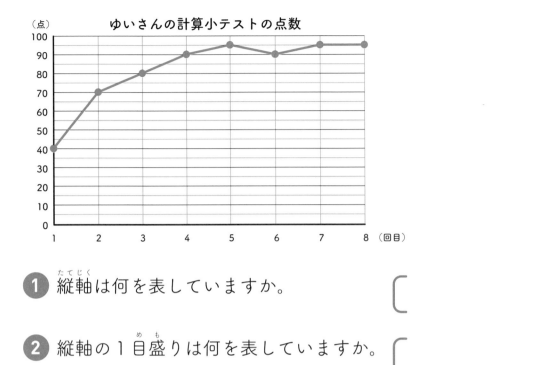

解答は46ページ

やってみよう3

# 折れ線グラフを描こう。

下の表は、毎年の誕生日にけんとさんの体重を調べたものです。

**毎年の誕生日にはかったけんとさんの体重**

| 年齢（歳） | 6 | 7 | 8 | 9 | 10 | 11 |
|---|---|---|---|---|---|---|
| 体重（kg） | 18 | 22 | 29 | 32 | 34 | 39 |

※小数第一位の値を四捨五入しています。

表をもとに、グラフを完成させましょう。

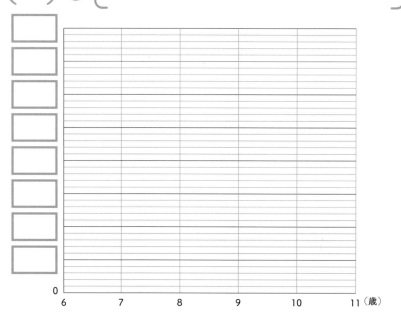

❷（　　）❶［　　　　　　　　　　　　］

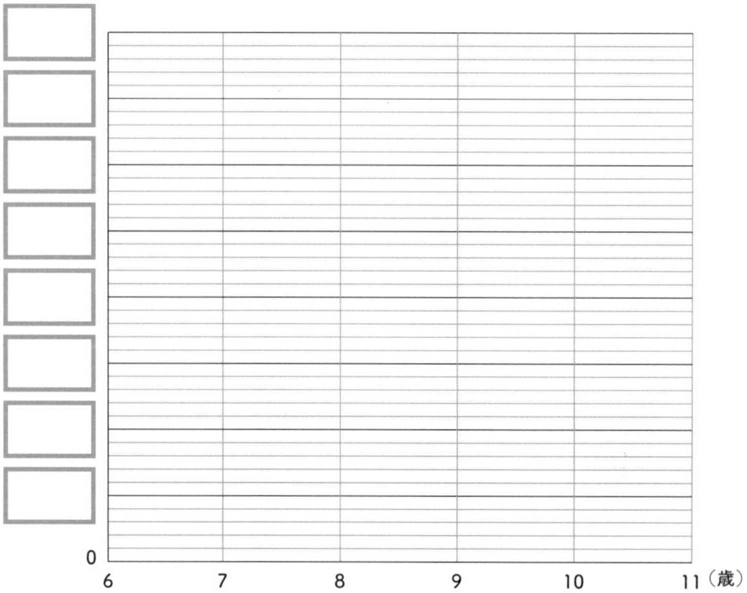


❶ グラフの表題を［　　　　］に書きましょう。

❷ 表の最大値を見て、縦軸の□に適切な数字を入れましょう。また、（　）に単位を書きましょう。

❸ 表をもとにグラフに点を打ち、線でつなげて折れ線グラフを描きましょう。

解答は48ページ

やってみよう4

# 折れ線グラフを描いて、読み取ろう。

下の表は、ある海岸で１年間の気温と海水温を調べたものです。

**ある海岸での１年間の気温と海水温**

| 温度＼月 | 1月 | 2月 | 3月 | 4月 | 5月 | 6月 | 7月 | 8月 | 9月 | 10月 | 11月 | 12月 |
|---|---|---|---|---|---|---|---|---|---|---|---|---|
| 気温（℃） | 7 | 6 | 8 | 13 | 21 | 24 | 27 | 29 | 26 | 19 | 13 | 9 |
| 海水温（℃） | 14 | 13 | 12 | 14 | 17 | 19 | 22 | 24 | 24 | 20 | 15 | 16 |

※小数第一位の値を四捨五入しています。

**1** 表をもとに、２本の折れ線グラフを描きましょう。

気温：黒
海水温：青

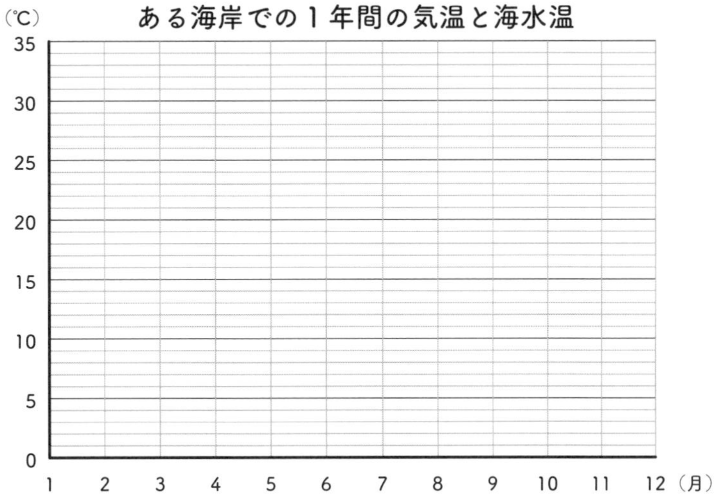


**2** 気温が一番低いのは何月ですか。　〔　　　〕

**3** 海水温が一番低いのは何月ですか。　〔　　　〕

**4** １カ月で気温の上がり方が一番大きいのは何月から何月ですか。

〔　　月から　　月〕

**5** 海水温が気温より低いのは何月から何月ですか。

〔　　月から　　月〕

解答は48ページ

42ページ
**やってみよう1** **次のデータは、棒グラフと折れ線グラフのどちらを使うとよいか、〇を付けよう。**

❶ クラスのみんなのランドセルの重さを比べたいとき

⇒ （棒グラフ・折れ線グラフ）

❷ 東小学校と南小学校のある年の新入生の人数を比べたいとき

⇒ （棒グラフ・折れ線グラフ）

❸ ある町の1年間の月ごとの最高気温の変化を見たいとき

⇒ （棒グラフ・折れ線グラフ）

❹ ある日のクラス全員の漢字テストの点数を比べたいとき

⇒ （棒グラフ・折れ線グラフ）

▶❶みんなのランドセル（2つ以上のもの）について比べるので棒グラフが適しています。
❷小学校別（2つ以上の場所）で比べるので棒グラフが適しています。
❸ある町（1つの場所）の降水量の変化を表すので折れ線グラフが適しています。
❹クラス全員（2人以上の人）を比べるので棒グラフが適しています。

42ページ
**やってみよう2** **折れ線グラフを読み取ろう。**

**ゆいさんの計算小テストの点数**

| 回目 | 1回目 | 2回目 | 3回目 | 4回目 | 5回目 | 6回目 | 7回目 | 8回目 |
|---|---|---|---|---|---|---|---|---|
| 点数（点） | 40 | 70 | 80 | 90 | 95 | 90 | 95 | 95 |

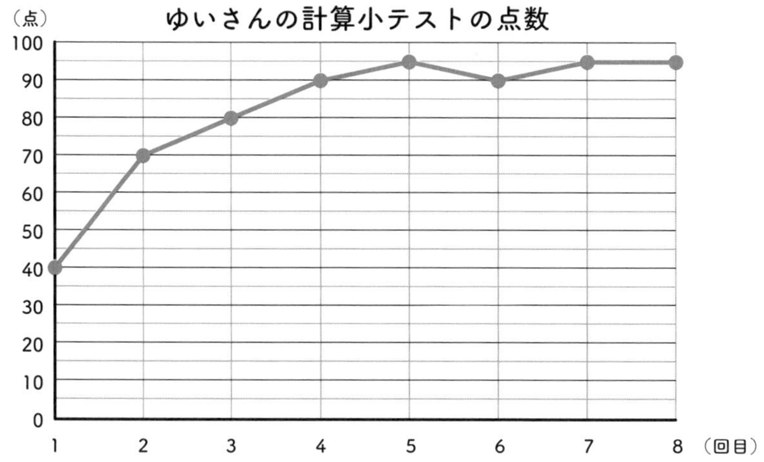


❶ 縦軸は何を表していますか。　〔 点数 〕

❷ 縦軸の１目盛りは何を表していますか。　〔 5点 〕

❸ ゆいさんの最高点は何点で何回目ですか。　〔 95点　5、7、8回目 〕

❹ 点数の変化の幅が一番大きかったのは何回目と何回目の間ですか。　〔 1回目と2回目の間 〕

❺ ゆいさんの点数の変化にはどんな特徴がありますか。

〔解答例〕
1回目から4回目までで大きく成長し、後半は高得点が続いた。

▶大きな傾向として増加傾向なのか減少傾向なのか、または一定であるという傾向なのか、それがどの範囲で起こっているのかを見ることが重要です。また、折れ線の傾きがどこで一番急なのかを見ると、変化した量が大きい部分が分かります。

44ページ

## やってみよう3 折れ線グラフを描こう。

毎年の誕生日(たんじょうび)にはかったけんとさんの体重

| 年齢(ねんれい)（歳(さい)） | 6 | 7 | 8 | 9 | 10 | 11 |
|---|---|---|---|---|---|---|
| 体重（kg） | 18 | 22 | 29 | 32 | 34 | 39 |

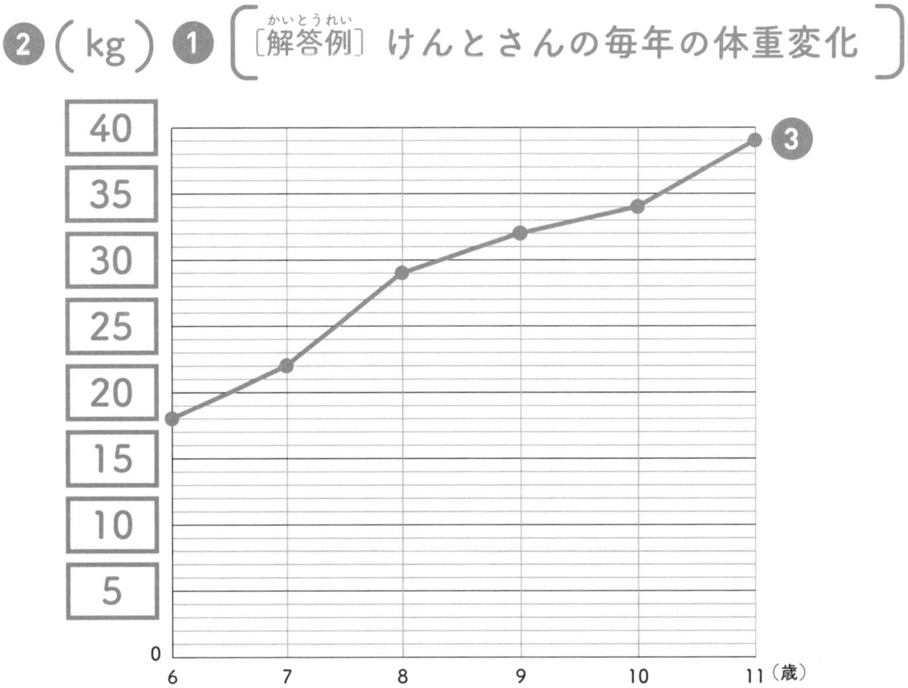


45ページ

## やってみよう4 折れ線グラフを描いて、読み取ろう。

ある海岸での1年間の気温と海水温

| 温度＼月 | 1月 | 2月 | 3月 | 4月 | 5月 | 6月 | 7月 | 8月 | 9月 | 10月 | 11月 | 12月 |
|---|---|---|---|---|---|---|---|---|---|---|---|---|
| 気温（℃） | 7 | 6 | 8 | 13 | 21 | 24 | 27 | 29 | 26 | 19 | 13 | 9 |
| 海水温（℃） | 14 | 13 | 12 | 14 | 17 | 19 | 22 | 24 | 24 | 20 | 15 | 16 |

❶ 表をもとに、2本の折れ線グラフを描きましょう。

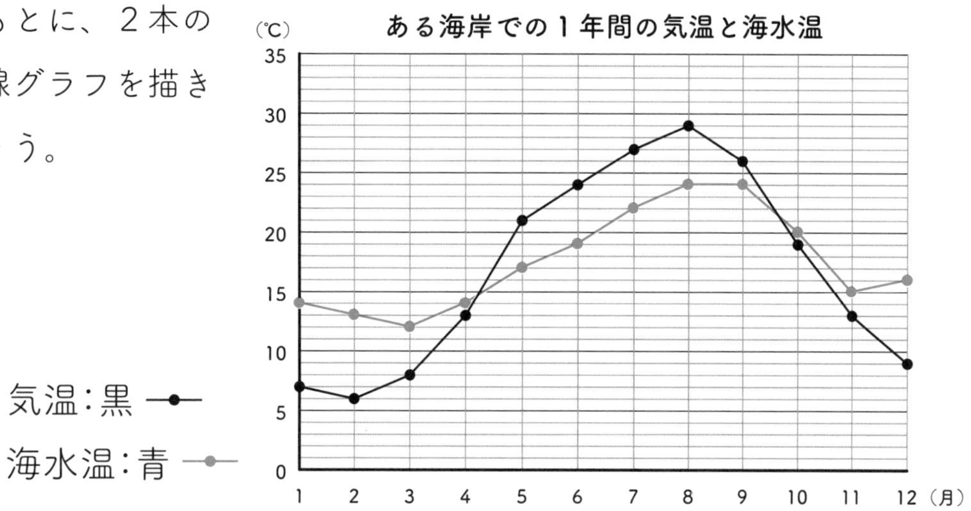


❷ 気温が一番低いのは何月ですか。 〔 2月 〕

❸ 海水温が一番低いのは何月ですか。 〔 3月 〕

❹ 1カ月で気温の上がり方が一番大きいのは何月から何月ですか。 〔 4月から5月 〕

❺ 海水温が気温より低いのは何月から何月ですか。 〔 5月から9月 〕

▶気温と海水温を同じグラフに描くと、温度の変わり方について似(に)ているところと違(ちが)うところがよく分かります。そして2つの温度変化の関係も見えてきます。このグラフから、海水温の変化は気温の変化に遅(おく)れてやってくる、10月になると海の中の方が温度が高くなる、などの様子が読み取れます。

使う時間 30分 くらい

月　日

# 7 やってみようPPDAC 天気と服装

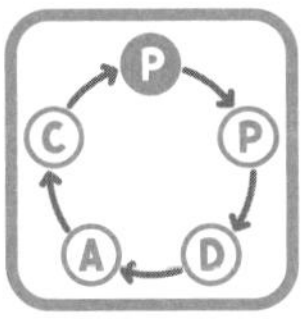


**Problem**（問題を設定する）
解決すべきことや、興味・関心、
決める必要があることから、「問い」を決める。

5月のよく晴れたある日。ゆうさんは、朝出かけるときにすずしかったので長袖の服を選びましたが、学校で暑く感じて汗だくで帰ってきました。

「そういえば、くもりの日は出かけたときの服で1日快適だけど、晴れの日は洋服選びに失敗している気がする。」

**解決したいこと**「その日の天気に合わせて服を選べるようになる」

↓解決すべきことから問いを決める

**問い**「晴れの日とくもりの日では、1日の気温変化の様子に違いがあるか」

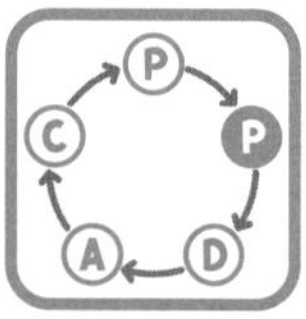


## Plan（計画する）

①調べる項目を決める。

②データの集め方を考える。

①調べる項目は「**晴れの日の気温変化**」と「**くもりの日の気温変化**」の２つにしました。

②朝７時から夕方５時までの１時間ごとの気温をはかって、データを集めることにしました。天気予報を見て、１日中晴れの日と、１日中くもりの日を選びます。

| | 午前 | | | | | 午後 | | | | | |
|---|---|---|---|---|---|---|---|---|---|---|---|
| 時刻 | 7時 | 8時 | 9時 | 10時 | 11時 | 12時 | 1時 | 2時 | 3時 | 4時 | 5時 |
| 天気（☀☁☂） | | | | | | | | | | | |
| 気温（℃） | | | | | | | | | | | |

**まめ知識**

## 気温のはかり方

気温は、日光の当たり方や、地面からの高さによって変わるため、次のことに気をつけてはかりましょう。

［そろえる条件］
・毎回同じ、風通しのよい場所ではかる。
・地上1.2 ～ 1.5m の高さではかる。
・温度計に直接日光が当たらないようにする。
［時間］一定の時間間隔ではかる。

晴れの日の気温とくもりの日の気温のように、２つの気温を比べるときには、比べたいこと以外の条件を同じにすることが大切です。

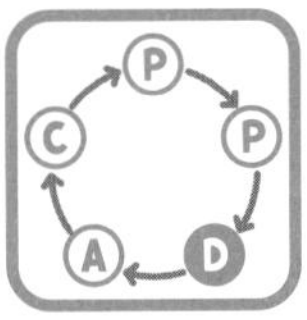


Data(データ)(データを集めて整理する)
データを集めて、目的に合った情報(じょうほう)を選び、整理する。

下の表は、ゆうさんが実際(じっさい)にはかった気温を記録したものです。

晴れの日(5月10日)の気温

| | 午前 | | | | | 午後 | | | | | |
|---|---|---|---|---|---|---|---|---|---|---|---|
| 時刻 | 7時 | 8時 | 9時 | 10時 | 11時 | 12時 | 1時 | 2時 | 3時 | 4時 | 5時 |
| 天気(☀☁☂) | ☀ | ☀ | ☀ | ☀ | ☀ | ☀ | ☀ | ☀ | ☀ | ☀ | ☀ |
| 気温(℃) | 18 | 21 | 22 | 25 | 26 | 26 | 28 | 28 | 28 | 27 | 26 |

くもりの日(5月12日)の気温

| | 午前 | | | | | 午後 | | | | | |
|---|---|---|---|---|---|---|---|---|---|---|---|
| 時刻 | 7時 | 8時 | 9時 | 10時 | 11時 | 12時 | 1時 | 2時 | 3時 | 4時 | 5時 |
| 天気(☀☁☂) | ☁ | ☁ | ☁ | ☁ | ☁ | ☁ | ☁ | ☁ | ☁ | ☁ | ☁ |
| 気温(℃) | 18 | 19 | 20 | 22 | 21 | 21 | 22 | 22 | 23 | 22 | 22 |

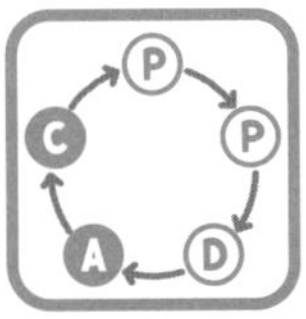


Analysis(アナリシス)(分析(ぶんせき)する)
データを表やグラフにする。
どんな様子や傾向(けいこう)があるか考える。

やってみよう1

## 折れ線グラフを描(か)いて、読み取ろう。

**1** 表をもとに、2本の折れ線グラフを描きましょう。

晴れの日の気温:黒
くもりの日の気温:青

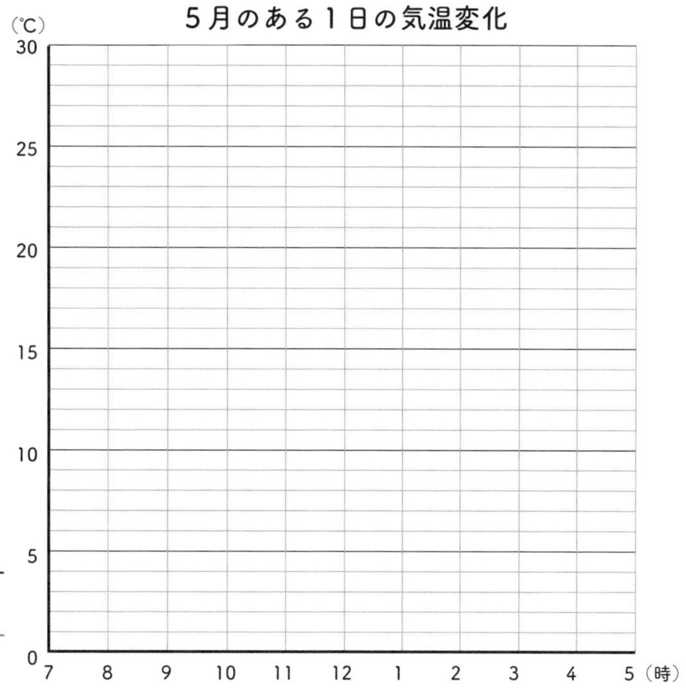


**2** 午前7時の気温と最高気温を答えましょう。

晴れの日：〔午前7時の気温　　　／最高気温　　　〕

くもりの日：〔午前7時の気温　　　／最高気温　　　〕

**3** 午前7時の気温と最高気温の差について答えましょう。

晴れの日の気温の差：〔　　　〕

くもりの日の気温の差：〔　　　〕

**4** 晴れの日とくもりの日の最高気温では、差は何℃ありましたか。

〔　　　〕

解答は55ページ

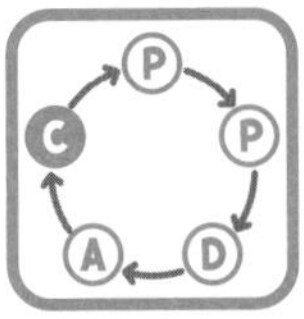


Conclusion（結論を出す）
表やグラフを使って
調べた結果をまとめて伝える。

**やってみよう2**

## 分かったことをまとめよう。

**1** 問いについて調べて分かったことをまとめます。

『晴れの日もくもりの日も、午前7時の気温は18℃とすずしいが、昼の最高気温は晴れの日が〔　　　〕℃、くもりの日が〔　　　〕℃で、〔　　　〕℃も差があった。午前7時から午後5時の間での気温の差は、晴れの日が〔　　　〕℃、くもりの日が〔　　　〕℃で、晴れの日の方が気温の差が〔大きい・小さい〕。
まとめると、晴れの日とくもりの日では、1日の気温変化の様子に〔　　　　　　　〕と考えられる。』

**2** ①をもとに、5月の晴れの日にはどんな服を選ぶといいか考えましょう。

〔

------------------------------------------------------------

------------------------------------------------------------

〕

解答は56ページ

52ページ
## やってみよう1　折れ線グラフを描いて、読み取ろう。

**1** 表をもとに、2本の折れ線グラフを描きましょう。

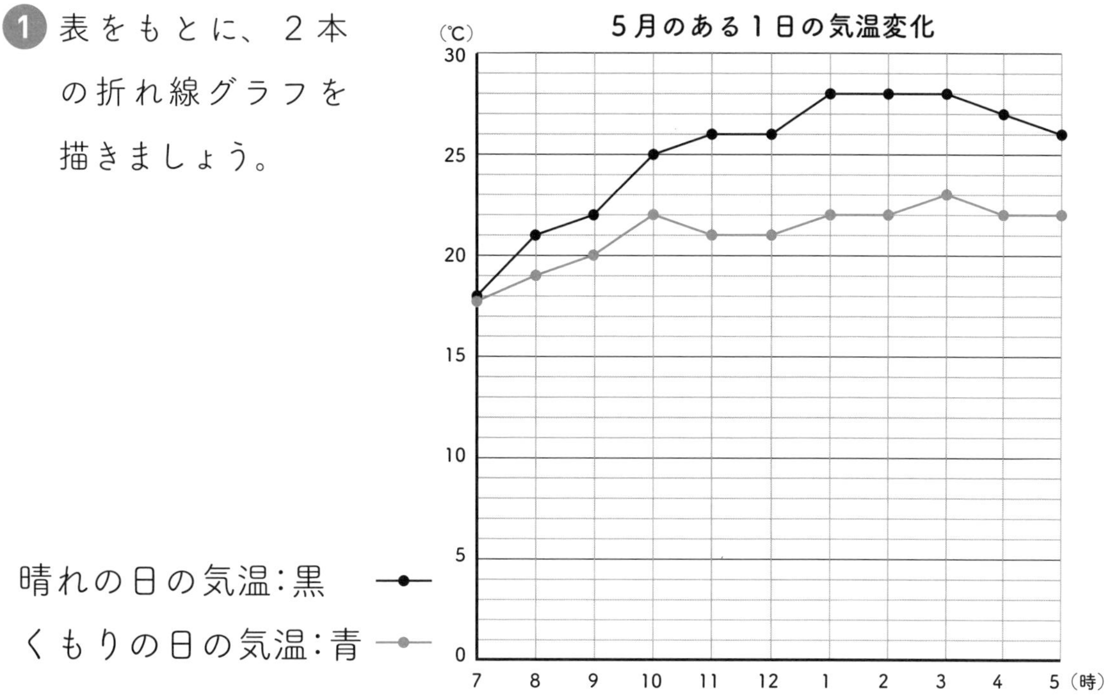


**2** 午前7時の気温と最高気温を答えましょう。

晴れの日：［午前7時の気温 18℃ ／最高気温 28℃］

くもりの日：［午前7時の気温 18℃ ／最高気温 23℃］

**3** 午前7時の気温と最高気温の差について答えましょう。

晴れの日の気温の差：［10℃］

くもりの日の気温の差：［5℃］

**4** 晴れの日とくもりの日の最高気温では、差は何℃ありましたか。

［5℃］

▶②それぞれの折れ線の、午前7時にある点と一番高いところにある点を読み取ります。
③〔最高気温〕－〔午前7時の気温〕＝〔午前7時の気温と最高気温の差〕です。晴れの日の気温の差は28－18＝10℃、くもりの日の気温の差は23－18＝5℃です。
④最高気温の高い方から低い方を引けば、差が分かります。28－23＝5℃です。

54ページ
## やってみよう2 分かったことをまとめよう。

❶ 問いについて調べて分(わ)かったことをまとめます。

『晴れの日もくもりの日も、午前7時の気温は18℃とすずしいが、昼の最高気温は晴れの日が〔 28 〕℃、くもりの日が〔 23 〕℃で、〔 5 〕℃も差があった。午前7時から午後5時の間での気温の差は、晴れの日が〔 10 〕℃、くもりの日が〔 5 〕℃で、晴れの日の方が気温の差が〔 大きい・小さい 〕。

まとめると、晴れの日とくもりの日では、1日の気温変化の様子に〔 違いがある 〕と考えられる。』

❷ ①をもとに、5月の晴れの日にはどんな服を選ぶといいか考えましょう。

〔解答例(かいとうれい)〕
半そでに上着を着るようにする。

▶❶グラフや表の数値を使って、晴れの日とくもりの日の気温変化の違いについてまとめます。晴れの日とくもりの日では、朝の気温は同じでも夕方までの気温変化の様子に違いがあるということを、数値を用いながら言葉にします。
❷答えは1つではありません。晴れの日は朝と昼で気温の変化が大きいので、Tシャツにカーディガンなど、脱ぎ着できる服で家を出るといいかもしれません。

理科の実験にも役立つPPDAC！

# 8 やってみようPPDAC 味噌汁vs豚汁 冷めやすいのは？

使う時間 25分くらい

月　日

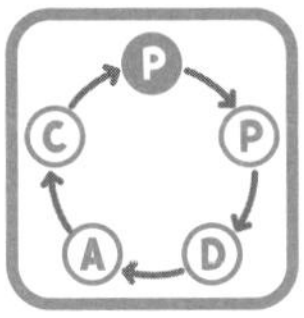


Problem（問題を設定する）
解決すべきことや、興味・関心、
決める必要があることから、「問い」を決める。

りこさんは、給食に出てくる味噌汁と豚汁では冷める速さに違いがあるように感じました。

「豚汁の方が
冷めにくい気がする」

豚汁の方が冷めにくいとしたら、原因は何だろう？と思ったりこさんが豚汁を見てみると、豚汁には豚肉から出た脂（油分）が浮いています。

「もしかしたら、豚汁は表面に浮く豚の脂がふたのような役割をしているのでは…」

興味「味噌汁と豚汁では、脂が原因で冷める速さが違う？」

↓興味から問いを決める

問い「お湯は油が浮いていると冷めにくくなるのか」

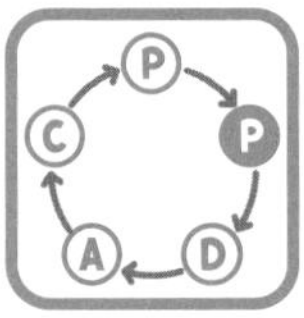


Plan（計画する）

①調べる項目を決める。

②データの集め方を考える。

①調べる項目は「**お湯が冷めていく温度変化**」と「**油が浮いたお湯が冷めていく温度変化**」の２つにしました。

②データの集め方は、家の台所で実験をすることにしました。

実験　お湯と油が浮いたお湯の冷めていく温度をはかる

ステップ１：60℃の普通のお湯と、豚汁に似た量の油を入れたお湯を準備する

ステップ２：２つの同じお椀にそれぞれのお湯を同じ量入れる

ステップ３：２つのお湯の温度を、５分ごとに合計30間はかって記録する

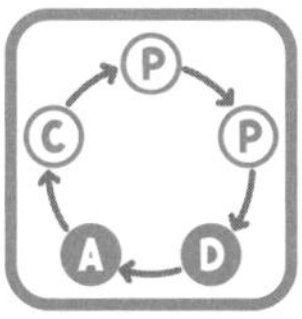


**Data**（データを集めて整理する）
データを集めて、目的に合った情報を選び整理する。

&

**Analysis**（分析する）
データを表やグラフにする。どんな様子や傾向があるか考える。

**やってみよう1**

# 折れ線グラフを描いて、読み取ろう。

下の表は、お湯と油が浮いたお湯の冷め方をはかったものです。

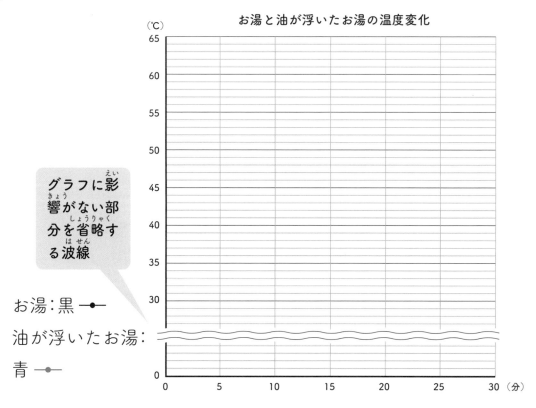

**お湯と油が浮いたお湯の温度変化**

| お湯の種類＼経過した時間 | 0分 | 5分 | 10分 | 15分 | 20分 | 25分 | 30分 |
|---|---|---|---|---|---|---|---|
| お湯（℃） | 60 | 52 | 47 | 44 | 41 | 39 | 37 |
| 油が浮いたお湯（℃） | 60 | 57 | 55 | 52 | 51 | 49 | 47 |

※はかった値の小数第一位を四捨五入しています。

**1** 表をもとに、折れ線グラフを描きましょう。

グラフに影響がない部分を省略する波線

お湯：黒 —●—
油が浮いたお湯：青 —●—

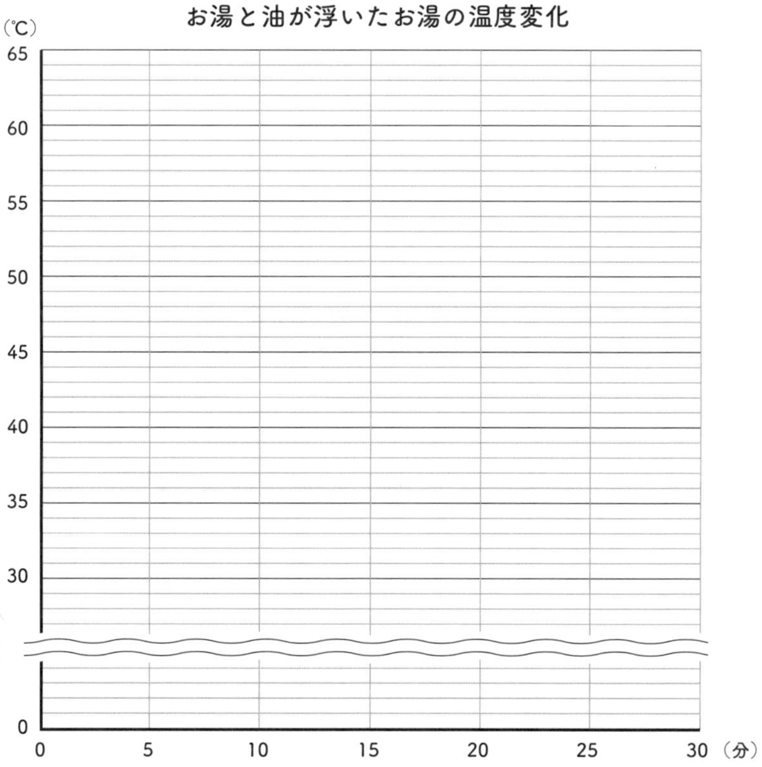

❷ 30分後の温度は何℃ですか。

お湯：〔　　　〕 油が浮いたお湯：〔　　　〕

❸ それぞれのお湯で60℃から10℃以上下がったのは、何分後の計測のときですか。

お湯：〔　　　〕分後の計測

油が浮いたお湯：〔　　　〕分後の計測

解答は62ページ

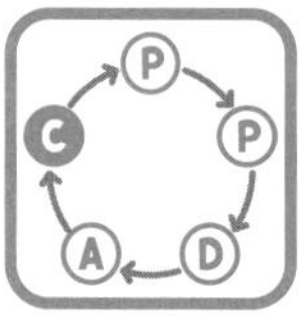


**Conclusion**（結論を出す）
表やグラフを使って
調べた結果をまとめて伝える。

**やってみよう2**

## 分かったことをまとめよう。

❶ 実験で分かったことをまとめます。

『温度が60℃から10℃以上下がったのは、お湯は〔　　　〕分後の計測のときで、油が浮いたお湯は〔　　　〕分後の計測のときだった。このことから、〔　　　　　　　　　　〕と考えられる。』

❷ 実験で分かったことは、自分たちの生活にどのように役立ちそうですか。

〔　　　　　　　　　　　　　　　　　　　　〕

解答は63ページ

60ページ

## やってみよう1 折れ線グラフを描いて、読み取ろう。

**お湯と油が浮いたお湯の温度変化**

| お湯の種類 ＼ 経過した時間 | 0分 | 5分 | 10分 | 15分 | 20分 | 25分 | 30分 |
|---|---|---|---|---|---|---|---|
| お湯（℃） | 60 | 52 | 47 | 44 | 41 | 39 | 37 |
| 油が浮いたお湯（℃） | 60 | 57 | 55 | 52 | 51 | 49 | 47 |

❶ 表をもとに、折れ線グラフを描きましょう。

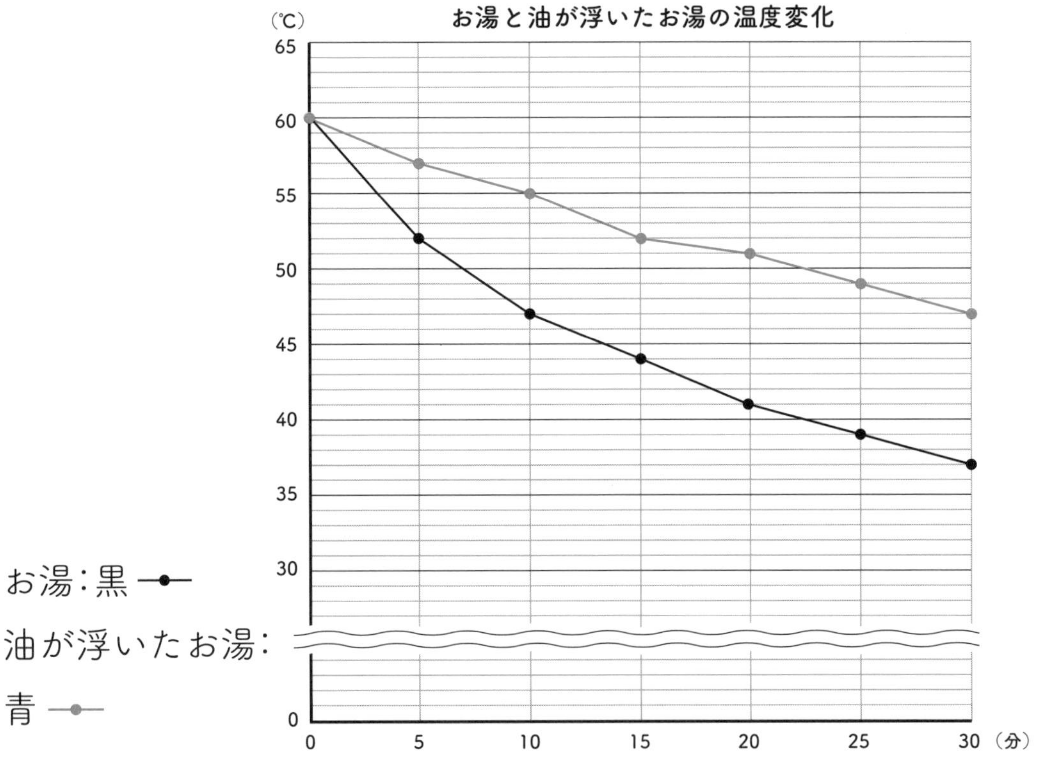


❷ 30分後の温度は何℃ですか。

お湯：〔 37℃ 〕　油が浮いたお湯：〔 47℃ 〕

❸ それぞれのお湯で60℃から10℃以上下がったのは、何分後の計測のときですか。

お湯：〔 10 〕分後の計測

油が浮いたお湯：〔 25 〕分後の計測

▶❷グラフや表から30分経過した時点の数値を見て答えます。
❸50℃を下回っている計測時間を調べます。表から、お湯は5分後の計測ではまだ50℃以上で、10分後の計測で50℃より低くなっています。油が浮いたお湯は、20分後の計測では51℃で、25分後の計測で初めて50℃より低くなっています。

61ページ

## やってみよう2 分かったことをまとめよう。

❶ 実験で分かったことをまとめます。

『温度が60℃から10℃以上下がったのは、お湯は〔 10 〕分後の計測のときで、油が浮いたお湯は〔 25 〕分後の計測のときだった。このことから、〔 お湯は油が浮いていると冷めにくくなる 〕と考えられる。』

❷ 実験で分かったことは、自分たちの生活にどのように役立ちそうですか。

〔解答例〕
- 冷めにくい料理を作りたいときは、油が入っていたほうがいい。
- 寒い季節のキャンプで、味噌汁を作るか豚汁を作るか迷ったときには、より冷めにくい豚汁を選ぶとよさそう。

▶❶ Problem で決めた問いに対して、グラフや表から分かったことをまとめます。問い「お湯は油が浮いていると冷めにくくなるのか」への結論が必要です。

❷分かったことが何に役立つか考えることはとても大切です。この問題では、「油が浮いた液体は冷めにくい」という分かったことが生活の中でどう役立つのか考えます。温かい汁物をふるまいたいときは、油を含む料理を選ぶとよいかもしれません。

まめ知識

## 液体の熱が冷めるしくみ

液体の熱が冷めるのは、容器や液体の表面から熱が逃げていくことと、液体の表面から水分が蒸発するときに熱がうばわれることが主な原因です。湯気は気体となった水蒸気が空気中で冷やされ、再び液体になったもので、湯気がさかんに出ているときは温度が急激に下がっていることになります。お湯に油を入れると、浮いた油がふたとなって、空気中に出ていく水蒸気の量が減るため、お湯だけのときより温度が冷めにくくなると考えられます。

また、表面で冷やされた液体は重くなって底の方へ移動し、底にあったまだ温かい液体が上の方に上がってきます（これを対流と言います）。これを繰り返すことにより、液体は全体的に冷めていきます。豚汁には肉や野菜などの具材がたくさん入っていますが、これらが対流をにぶくすることも、豚汁が冷めにくい理由の１つになっていると考えられます。

熱々のあんかけが冷めにくい理由についても、考えてみましょう。

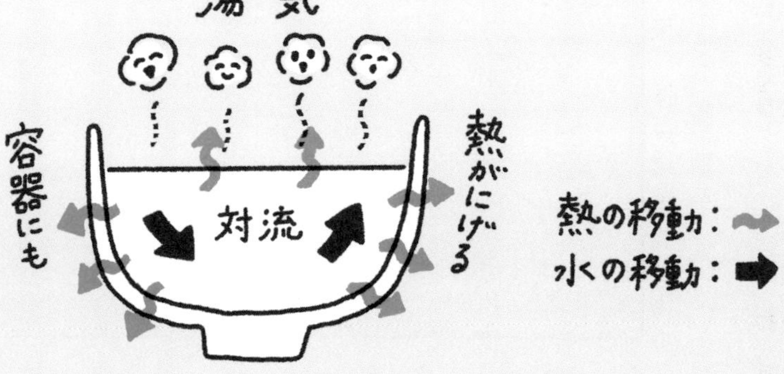

# 9 複合グラフを学ぼう

使う時間 20分くらい

月　日

**複合グラフって？** 棒グラフと折れ線グラフなど、複数のグラフを組み合わせたグラフ

**どんなときに使う？** 2種類の異なるデータを同時に表して、その関係を見たいとき

## 複合グラフを描くコツ

ある市での1年間の気温と降水量

| | 1月 | 2月 | 3月 | 4月 | 5月 | 6月 | 7月 | 8月 | 9月 | 10月 | 11月 | 12月 |
|---|---|---|---|---|---|---|---|---|---|---|---|---|
| 降水量（mm） | 30 | 50 | 80 | 120 | 170 | 200 | 100 | 150 | 190 | 190 | 80 | 70 |
| 気温（℃） | 6 | 7 | 10 | 15 | 20 | 24 | 28 | 29 | 25 | 18 | 14 | 9 |

▼

数値の差が大きいデータや単位が異なるデータを同じグラフにするときは、左右の縦軸を使う

このグラフでは、右の縦軸が降水量、左の縦軸が気温を表す

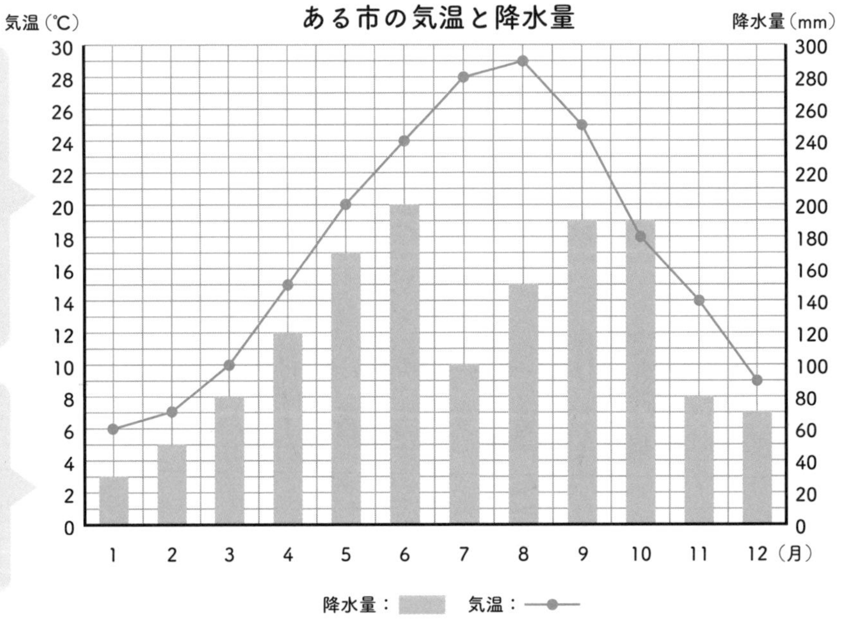

やってみよう

## 複合グラフを読み取ろう。

下の表とグラフは、ある年のきゅうりの収穫量(しゅうかくりょう)と値段(ねだん)を表したものです。

**ある年のきゅうりの収穫量と1kgあたりの値段**

| | 1月 | 2月 | 3月 | 4月 | 5月 | 6月 | 7月 | 8月 | 9月 | 10月 | 11月 | 12月 |
|---|---|---|---|---|---|---|---|---|---|---|---|---|
| きゅうりの収穫量（t） | 4,200 | 4,100 | 5,900 | 8,500 | 7,000 | 7,000 | 8,400 | 7,000 | 8,000 | 6,000 | 5,000 | 3,900 |
| きゅうり1kgの値段（円） | 500 | 360 | 330 | 210 | 220 | 280 | 280 | 350 | 300 | 310 | 400 | 520 |

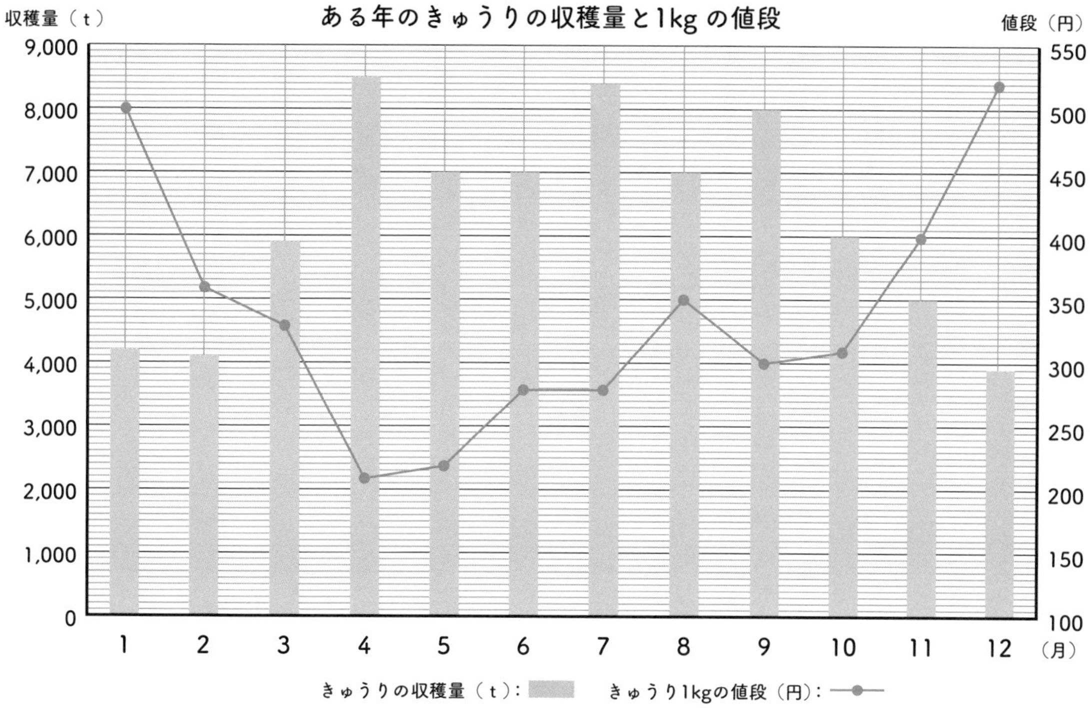


**1** 収穫量が最も高いのは何月ですか。 〔　　　〕

**2** 値段が最も安いのは何月ですか。 〔　　　〕

**3** 収穫量と値段にはどんな関係がありますか。

〔　　　　　　　　　　〕

解答は68ページ

67ページ
やってみよう 複合(ふくごう)グラフを読み取ろう。

ある年のきゅうりの収穫量と1kg あたりの値段

| | 1月 | 2月 | 3月 | 4月 | 5月 | 6月 | 7月 | 8月 | 9月 | 10月 | 11月 | 12月 |
|---|---|---|---|---|---|---|---|---|---|---|---|---|
| きゅうりの収穫量（t） | 4,200 | 4,100 | 5,900 | 8,500 | 7,000 | 7,000 | 8,400 | 7,000 | 8,000 | 6,000 | 5,000 | 3,900 |
| きゅうり1kgの値段(ねだん)（円） | 500 | 360 | 330 | 210 | 220 | 280 | 280 | 350 | 300 | 310 | 400 | 520 |

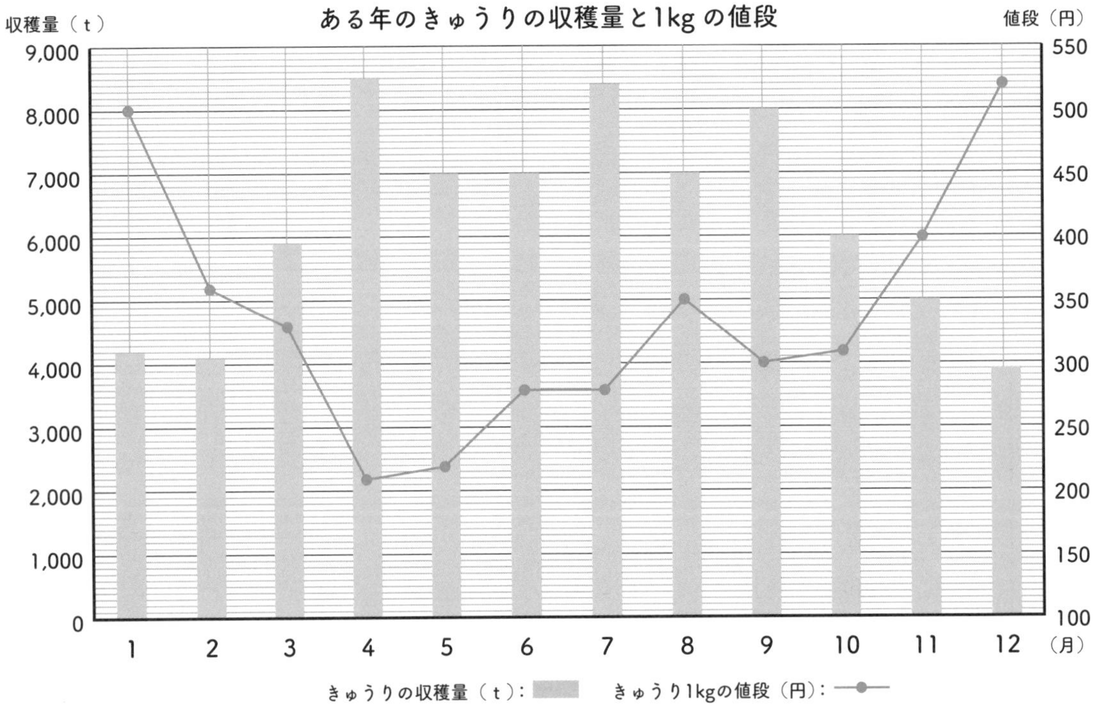


❶ 収穫量が最も高いのは何月ですか。 〔 4月 〕

❷ 値段が最も安いのは何月ですか。 〔 4月 〕

❸ 収穫量と値段にはどんな関係がありますか。

〔解答例〕

・収穫量が多いと値段は安くなる傾向がある。

・収穫量が少ないと値段は高くなる傾向がある。

▶❶収穫量についてたずねているので、棒グラフで一番長い棒を探します。細かい数値を比べたいときは、表を見ます。４月と７月を比べると、４月の方が100ｔ多いですね。

❷値段についてたずねているので、折れ線グラフで最も下にある点を探します。

❸まず、棒グラフと折れ線グラフそれぞれの特徴を読み取り、次に２つのグラフの関係を読み取ります。

収穫量は暖かい時期に増えて寒い時期に減り、大きく見ると上に出っ張る山型のカーブをしています。逆に、値段は下にへこむ谷型のカーブをしていて、２つのグラフは反対の動きをしていることが読み取れます。

つまり、収穫量と値段には関係があり、収穫量が増えると値段が安くなる（値段が安いと収穫量が増える、という順番はありえないので）、収穫量が減れば値段が高くなると考えられます。

▶複合グラフ

# 10 やってみようPPDAC 猫と犬の救える命

使う時間 40分くらい

月　日

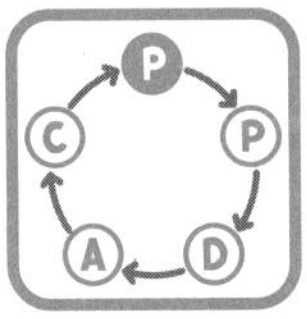


**Problem**（問題を設定する）
解決すべきことや、興味・関心、
決める必要があることから、「問い」を決める。

みかさんの家では、今度猫を飼う予定で、どこから猫を迎えようか話し合っています。

「ペットショップ？
譲渡会ってなに？」

「譲渡会というのは、保護された動物を引き取って育てたい家族へ譲り渡す取り組みだよ。」

日本には、飼い主が途中で飼育をやめた捨て猫や捨て犬がいて、その一部は殺処分されています。全国の地方自治体では、保護された猫や犬を、新たにペットとして飼いたい人にゆずる活動（譲渡）が進められています。

「わたしが住む奈良市では、どれくらいの譲渡と殺処分が発生しているのかな。
譲渡数と殺処分数は関係があるのかな。」

**全国の猫と犬の殺処分数（2019年度）**

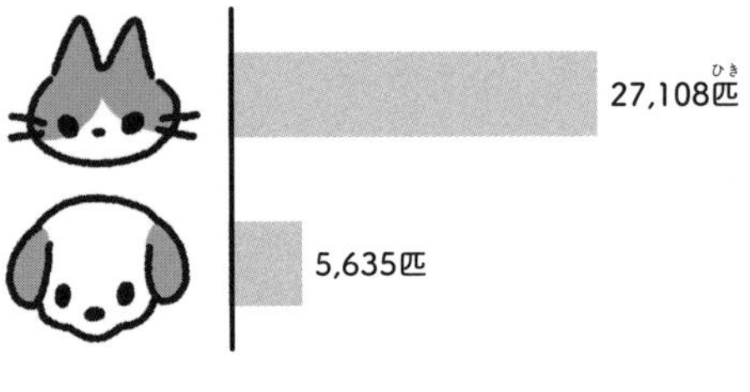


※図は環境省「犬・猫の引取り及び負傷動物等の収容並びに処分の状況」（https://www.env.go.jp/nature/dobutsu/aigo/2_data/statistics/dog-cat.html）のデータを参考に作成

気になったみかさんは、奈良市の猫・犬の譲渡数と殺処分数に関係があるのか、調べてみることにしました。

**解決すべきこと**「ペットの猫をペットショップから買うのか、どこかから譲り受けるのかを決める」

↓ 解決すべきことから問いを決める

**問い**「譲渡の数と殺処分の数には関係があるのか」

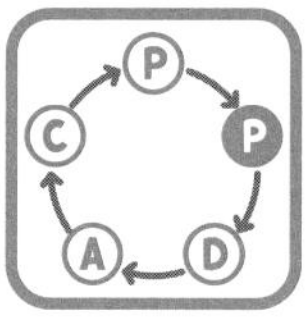


Plan（計画する）

①調べる項目を決める。

②データの集め方を考える。

①調べる項目は「**奈良市の猫と犬の譲渡数**」と「**奈良市の猫と犬の殺処分数**」の２つにしました。

②お父さんに協力してもらい、家のパソコンを使ってインターネットで統計を探すことにしました。

今回は、自分でデータを集めるのではなく、公的機関が発表しているデータを調査します。実際のデータは、奈良市が下のWEBサイトで公開しています。公的機関のデータを探すときには、実際の施設に相談したり、インターネットで検索したりします。必要なデータがどこにあるのかは、大人に聞くとヒントをくれるかもしれません。

奈良市ホームページ「犬猫殺処分ゼロを２年連続で達成しました」（令和３年５月31日発表）
https://www.city.nara.lg.jp/site/press-release/110985.html

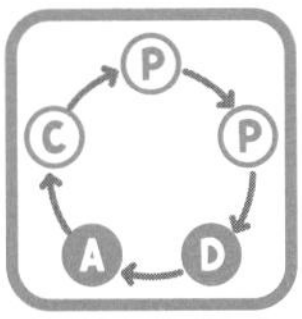


Data（データを集めて整理する）
データを集めて、目的に合った情報を選び、整理する。

&

Analysis（分析する）
表やグラフにする。
どんな様子や傾向があるか考える。

やってみよう1

## 複合グラフを描いて、読み取ろう。

みかさんは奈良市のホームページから、猫・犬の譲渡数と殺処分数の10年分のデータを調べました。

**猫・犬の譲渡数と殺処分数**

| | 2011年 | 2012年 | 2013年 | 2014年 | 2015年 | 2016年 | 2017年 | 2018年 | 2019年 | 2020年 |
|---|---|---|---|---|---|---|---|---|---|---|
| 譲渡数（匹） | 5 | 4 | 12 | 18 | 82 | 56 | 109 | 141 | 164 | 173 |
| 殺処分数（匹） | 400 | 280 | 218 | 169 | 43 | 8 | 3 | 1 | 0 | 0 |

出典：奈良市ホームページ「犬猫殺処分ゼロを２年連続で達成しました」（令和３年５月31日発表）

**猫・犬の譲渡数と殺処分数の移り変わり**

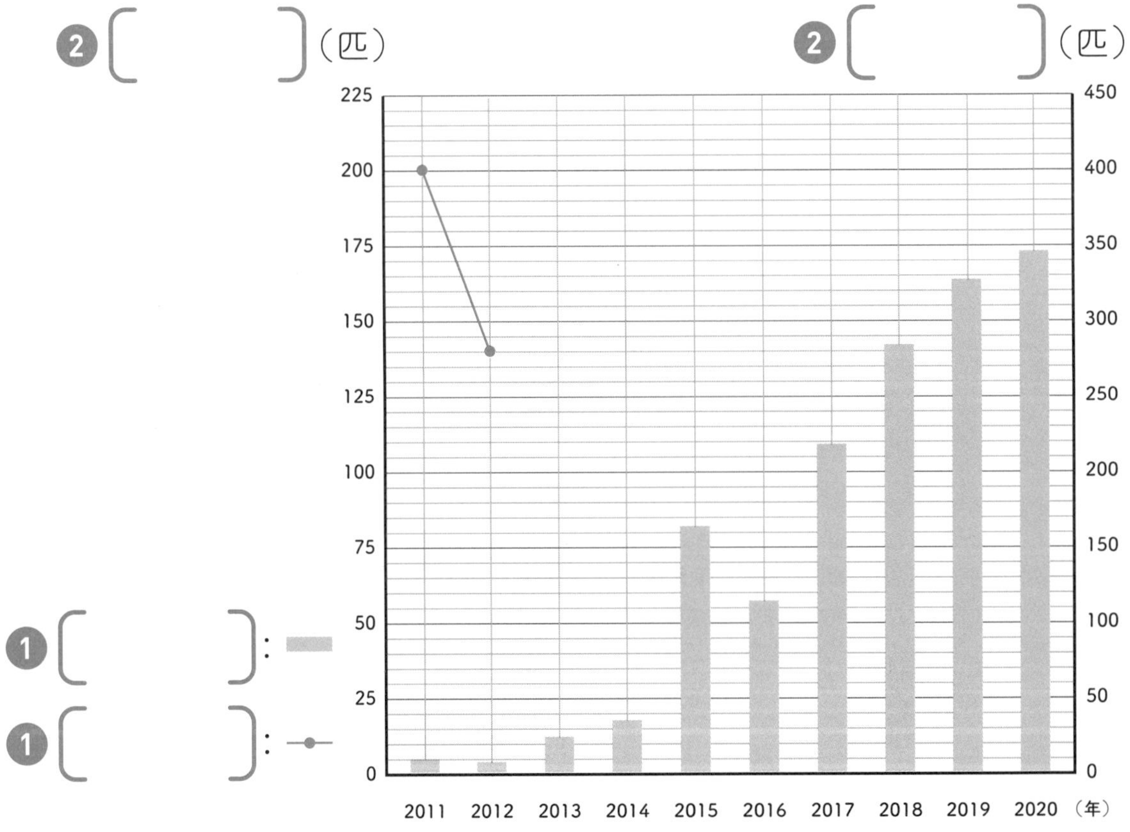

❶ [　　　　　]にそれぞれのグラフが何を表しているか書きましょう。

❷ [　　　　　]に左右の縦軸（たてじく）がそれぞれ何を表しているか書きましょう。

❸ 表をもとに、折れ線グラフを描（か）きましょう。

❹ 適（てき）した答えに○を付けましょう。

譲渡数は年々［ 増（ふ）え・減（へ）り ］、

殺処分数は年々［ 増えている・減っている ］。

❺ 前年に対して、譲渡数と殺処分数が最も大きく変化したのは何年から何年の間で、何匹（なんびき）増えましたか、もしくは減りましたか。

譲渡数：

［　　　　　年から　　　　　年の間に、　　　　　　　　　　。］

殺処分数：

［　　　　　年から　　　　　年の間に、　　　　　　　　　　。］

解答は75ページ

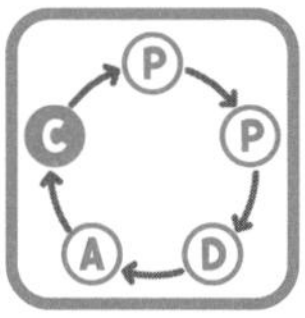


Conclusion（結論を出す）
表やグラフを使って
調べた結果をまとめて伝える。

やってみよう2

## 分かったことをまとめよう。

**1** 問いについて調べて分かったことをまとめます。

『奈良市での猫・犬の譲渡数は、2011年の〔　　　〕匹から2020年の〔　　　〕匹に〔増えて・減って〕いる。殺処分数は、2011年の〔　　　〕匹から2020年の〔　　　〕匹に〔増えて・減って〕いる。グラフでは棒と折れ線が逆の動きをしており、譲渡数と殺処分数には関係が〔ある・ない〕と言えそうだ。

**2** あなたがみかさんなら、猫をペットショップから買うか、保護猫を引き取るか、どちらを選びますか。考えを書きましょう。

〔　　　　　　　　　　　　　　　　　　　　　　　　　　　　　　　　〕

解答は76ページ

72ページ
## やってみよう1 複合グラフを描いて、読み取ろう。

**猫・犬の譲渡数と殺処分数**

| | 2011年 | 2012年 | 2013年 | 2014年 | 2015年 | 2016年 | 2017年 | 2018年 | 2019年 | 2020年 |
|---|---|---|---|---|---|---|---|---|---|---|
| 譲渡数（匹） | 5 | 4 | 12 | 18 | 82 | 56 | 109 | 141 | 164 | 173 |
| 殺処分数（匹） | 400 | 280 | 218 | 169 | 43 | 8 | 3 | 1 | 0 | 0 |

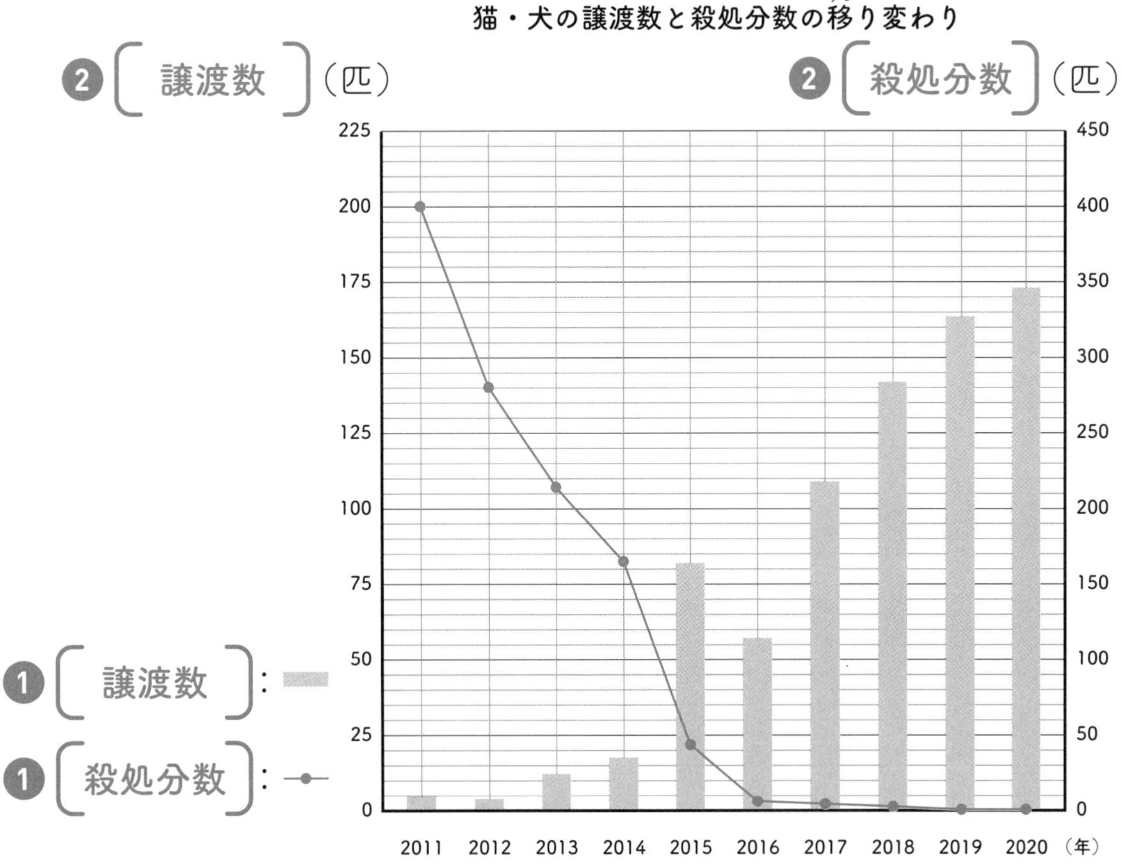


❸ 表をもとに、折れ線グラフを描きましょう。

❹ 適した答えに○を付けましょう。

譲渡数は年々［(増え)・減り］、

殺処分数は年々［増えている・(減っている)］。

❺ 前年に対して、譲渡数と殺処分数が最も大きく変化したのは何年から何年の間で、何匹増えましたか、もしくは減りましたか。

譲渡数：

〔**2014年から2015年の間に、64匹増えた。**〕

殺処分数：

〔**2014年から2015年の間に、126匹減った。**〕

▶❸殺処分数を表す折れ線グラフは、右の縦軸を見て描きます。右の縦軸の1目盛りが10匹を表していることに注意します。

❺最も譲渡数が増えた2014年と2015年の差を計算します。82－18＝64匹です。

　最も殺処分数が減った2014年と2015年の差を計算します。169－43＝126匹です。

74ページ

## やってみよう2　分かったことをまとめよう。

❶ 問いについて調べて分かったことをまとめます。

『奈良市での猫・犬の譲渡数は、2011年の〔 5 〕匹から2020年の〔173〕匹に〔増えて・減って〕いる。殺処分数は、2011年の〔400〕匹から2020年の〔 0 〕匹に〔増えて・減って〕いる。グラフでは棒と折れ線が逆の動きをしており、譲渡数と殺処分数には関係が〔ある・ない〕と言えそうだ。

❷ あなたがみかさんなら、猫をペットショップから買うか、保護猫を引き取るか、どちらを選びますか。考えを書きましょう。

〔解答例〕

・殺処分される猫を減らすことに役立つので、保護猫を譲渡してもらいたい。

・飼いたい猫の種類が決まっていたら、保護猫に加えてペットショップも考えたい。

▶❶譲渡数と殺処分数には関係がありそうです。譲渡数が増えたおかげで殺処分数が減るのは原因と結果として筋が通ります。逆はどうでしょうか。殺処分数が減ったおかげで譲渡数が増えるものでしょうか。２つの数に関係があるとき、どちらが原因でどちらが結果なのかを意識することが大切です。

ここで注意したいのは、殺処分数の減少は、譲渡数の増加だけが原因ではないということです。殺処分数は10年間で400匹減っていますが、譲渡数が増えたのは約170匹です。この差から、譲渡数の増加の他にも、殺処分数が減った理由があると考えられます。それがどんな理由なのかを新しい疑問として設定するのもよいでしょう（奈良市では、そもそも引き取る数を減らす活動もしています）。原因と結果の関係を考えるとき、結果に対して原因が１つではないこともあります。

❷この問題の答えは１つではありません。❶で出した結論も含めて、譲渡とペットショップ両方のいいところとわるいところを比べて、自分なりの考えを書けたら正解です。

このデータは奈良市が発表している実際のデータです。実は、グラフより前の2008年では、殺処分数は663匹でした。そこから数年で殺処分数を０にしたのです。このように、殺処分０という目標をもって行ってきた活動の実績を数値で示すことはとても重要です。活動の効果をチェックできますし、がんばってきた人やこれからがんばる人たちのやる気にもつながります。

# 解説 いろいろなグラフ

大小を比べる棒グラフ、変化を見る折れ線グラフの他にも、統計ではデータに合わせていろいろなグラフを使います。別冊『小学５・６年生向け 統計【発展編】』では、以下のグラフも学ぶことができます。

## 割合を見るグラフ

### ●円グラフ

**円グラフって？**

**円全体を100％として、項目の割合を円の中心の角度の大きさで表したグラフ。**

**クラスでのあだ名禁止に関するアンケート**

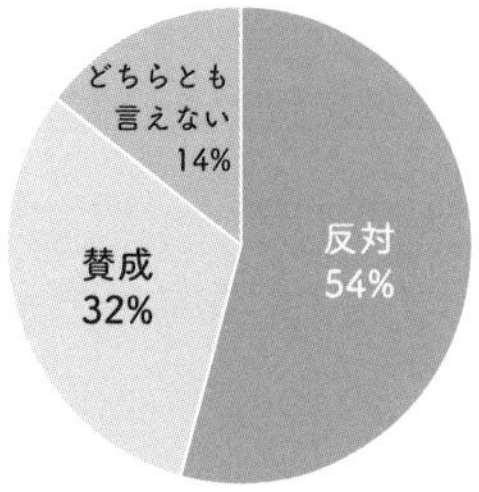


「ぱっと見て全体の半数以上が禁止に反対していると分かるね。」

**どんなときに使う？**

**全体の中での割合を見たいとき。**

**3年生女子のランドセルの色**

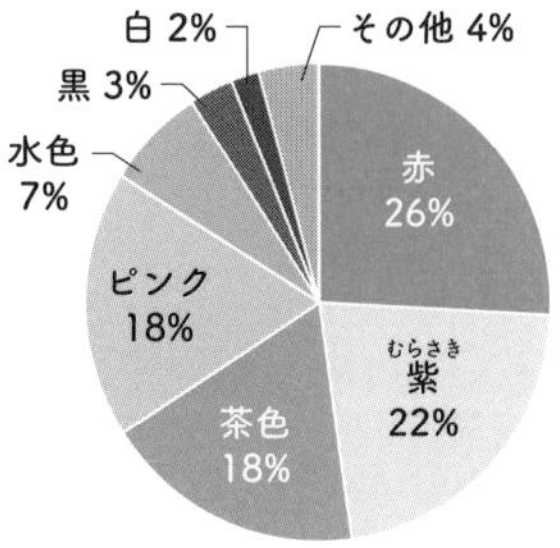


「項目が多すぎると見づらくなるかも。」

「上位４色は同じような割合だね。」

### ●帯グラフ

**帯グラフって？**

**帯全体を100％として、項目の割合で帯を区切ったグラフ。**

**どんなときに使う？**

**複数のデータで割合の違いを比べたいときに、帯を並べる。**

**4～6年生の就寝時間**

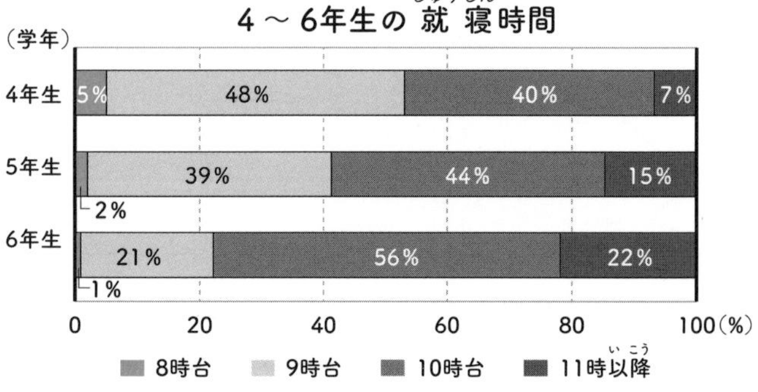


「各学年の割合の違いが分かりやすいね。」

## データのばらつき方を見るグラフ

### ●ドットプロット

**ドットプロットって？**

データの値を横軸に敷いて、データの個数をドットで積み上げたグラフ。

**どんなときに使う？**

集団の中でのデータの集まり方やちらばり方を見たいとき。1つ1つのデータの値も分かる。

クラスメートの靴のサイズ

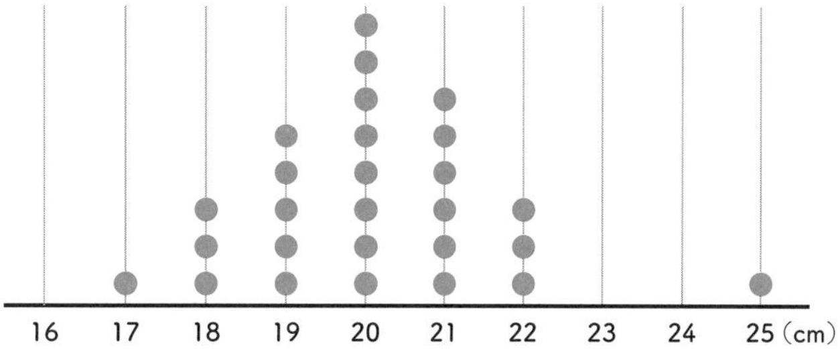


「とびぬけたデータがある。」

「ヒストグラムと違って、1つ1つのデータの正確な値が分かるね。」

### ●ヒストグラム

**ヒストグラムって？**

数量データの集まり方やちらばり方を表す柱状のグラフ。1つ1つのデータではなく、データを幅のある階級で区切って横軸にする。

**どんなときに使う？**

集団の中でのデータの集まり方やちらばり方を見たいとき。

クラスでのテスト（算数）の点数分布

| 階級（点） | 度数（人） |
|---|---|
| 0点以上10点まで | 0 |
| 11～20点 | 0 |
| 21～30点 | 0 |
| 31～40点 | 3 |
| 41～50点 | 5 |
| 51～60点 | 6 |
| 61～70点 | 8 |
| 71～80点 | 7 |
| 81～90点 | 5 |
| 91～100点 | 2 |

「幅でデータを区切るから、1つ1つのデータの正確な数値は分からないね。」

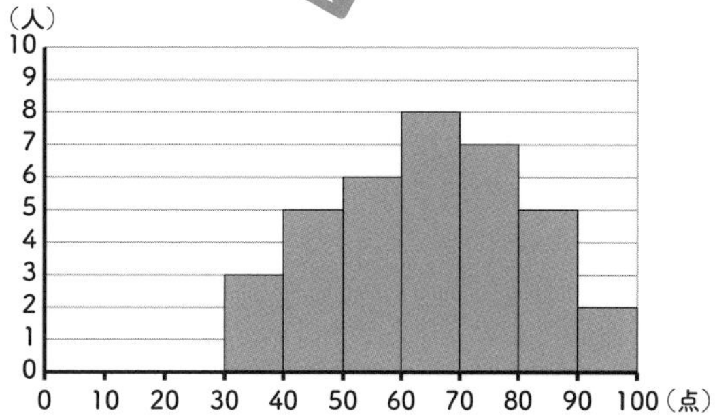


「ドットプロットより広い範囲でデータのちらばり方が表現できそう。」

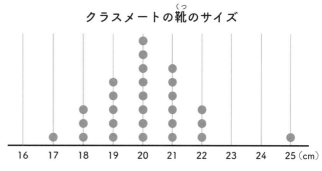

▶二次元表

データを整理するのに便利な表！

使う時間 20分くらい

月　日

# 11 二次元表を学ぼう

身の回りで起きたことを、２つの視点から分けて、二次元表に整理すると、特徴が見えてくることがあります。以下の例を見ましょう。

しょうたさんは夏休みに毎朝、昆虫採集をしました。雑木林と裏山に１日ずつ交互に４日間行き、虫を捕まえて表に記録しました。

| 番号 | 場所 | 種類 |
|---|---|---|
| ① | 雑木林 | カブトムシ |
| ② | 雑木林 | カブトムシ |
| ③ | 雑木林 | カブトムシ |
| ④ | 雑木林 | カミキリムシ |
| ⑤ | 雑木林 | カブトムシ |
| ⑥ | 裏山 | クワガタ |
| ⑦ | 裏山 | クワガタ |
| ⑧ | 裏山 | カブトムシ |
| ⑨ | 裏山 | カブトムシ |

| 番号 | 場所 | 種類 |
|---|---|---|
| ⑩ | 雑木林 | カブトムシ |
| ⑪ | 雑木林 | カブトムシ |
| ⑫ | 雑木林 | カミキリムシ |
| ⑬ | 裏山 | カブトムシ |
| ⑭ | 裏山 | クワガタ |
| ⑮ | 裏山 | クワガタ |
| ⑯ | 裏山 | カブトムシ |
| ⑰ | 裏山 | クワガタ |
| ⑱ | 裏山 | クワガタ |

上の表を、「虫の種類」と「捕まえた場所」で整理して二次元表にします。

| 場所＼虫 | カブトムシ | カミキリムシ | クワガタ | 合計 |
|---|---|---|---|---|
| 雑木林 | 6 | 2 | 0 | 8 |
| 裏山 | 4 | 0 | 6 | 10 |
| 合計 | 10 | 2 | 6 | 18 |

→雑木林で捕まえた虫の合計

→全部の虫の合計。8＋10＝18 または10＋2＋6＝18 で計算できる

→カブトムシの合計

二次元表では、「虫の種類」と「場所」の関係に特徴が見えてきます。

「カブトムシの方が採れやすいな」
「クワガタを捕まえたいときは裏山に行った方がいいな」

**やってみよう1**

## 二次元表を作って、読み取ろう。

発表会の打ち上げで食べたいおやつ、飲みたい飲み物についてアンケートをとりました。

| 番号 | 飲み物 | おやつ |
|---|---|---|
| ① | 牛乳 ✓ | ドーナツ |
| ② | お茶 ✓ | ドーナツ |
| ③ | お茶 ✓ | ピザ |
| ④ | お茶 | ドーナツ |
| ⑤ | お茶 | ドーナツ |
| ⑥ | ジュース | ピザ |
| ⑦ | ジュース | ドーナツ |
| ⑧ | ジュース | ドーナツ |
| ⑨ | ジュース | ピザ |
| ⑩ | 牛乳 | ドーナツ |

| 番号 | 飲み物 | おやつ |
|---|---|---|
| ⑪ | 牛乳 | ドーナツ |
| ⑫ | ジュース | ピザ |
| ⑬ | お茶 | ドーナツ |
| ⑭ | お茶 | ドーナツ |
| ⑮ | ジュース | ピザ |
| ⑯ | 牛乳 | ドーナツ |
| ⑰ | お茶 | ドーナツ |
| ⑱ | ジュース | ピザ |
| ⑲ | ジュース | ピザ |
| ⑳ | ジュース | ピザ |

**1** アンケート結果を二次元表にまとめましょう。

| 飲み物 / 食べ物 | お茶 | ジュース | 牛乳 | 合計 |
|---|---|---|---|---|
| ドーナツ | 一 | | 一 | |
| ピザ | 一 | | | |
| 合計 | | | | |

上の表にチェックをしながら、正の字かタリーチャートで人数を数えます。それぞれの合計も計算して書きましょう。

**2** 一番人気の飲み物は何ですか。 〔　　　〕

**3** 一番人気の食べ物と飲み物の組み合わせは何ですか。 〔　　　〕

**4** ピザを希望した人に一番人気がある飲み物は何ですか。 〔　　　〕

解答は86ページ

▶二次元表

原因分析に役立つ！

使う時間 30分くらい

月　日

# 12 やってみようPPDAC 保健室のけが調べ

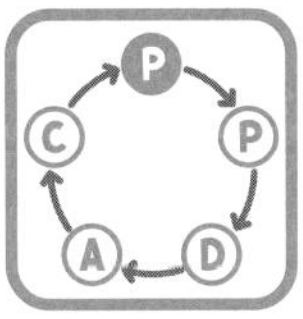


**Problem**（問題を設定する）
解決すべきことうや、興味・関心、
決める必要があることから、「問い」を決める。

学校でけがをするとお世話になる保健室。みんなのけがをどうしたら減らせるのか、保健委員が話し合います。

「いろんなけががあるね。」
「みんなどこでけがをしているんだろう。」
「よくけがをする学年があるのかな。」
きろく

> **課題**「みんなのけがを減らすための活動がしたい」
> ↓課題から問いを決める
> **問い**「どこでどんなけがが多いのか」

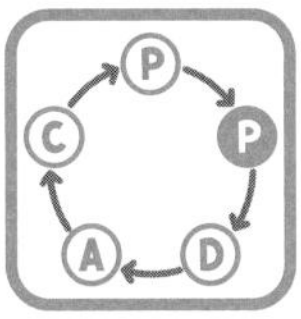


**Plan**（計画する）
①調べる項目を決める。
②データの集め方を考える。

①調べる項目は「**けがをした場所**」と「**けがの種類**」にしました。
②過去1カ月の保健室の利用記録表を見ることにしました。

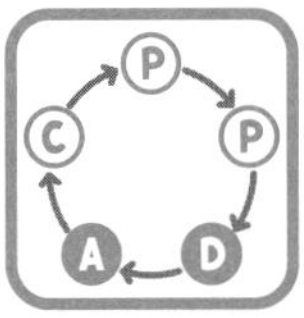


**Data**（データを集めて整理する）
データを集めて、目的に合った情報を選び、整理する。

**Analysis**（分析する）
データを表やグラフにする。どんな様子や傾向があるか考える。

**やってみよう1**

# 二次元表を作って、読み取ろう。

| 番号 | けがの種類 | けがをした場所 |
|---|---|---|
| ① | ねんざ | 体育館 |
| ② | きりきず | 教室 |
| ③ | きりきず | 教室 |
| ④ | ねんざ | 体育館 |
| ⑤ | だぼく | ろうか |
| ⑥ | ねんざ | 体育館 |
| ⑦ | だぼく | 校庭 |
| ⑧ | すりきず | 校庭 |
| ⑨ | すりきず | 体育館 |
| ⑩ | きりきず | 教室 |
| ⑪ | きりきず | 教室 |
| ⑫ | ねんざ | 校庭 |
| ⑬ | すりきず | 体育館 |
| ⑭ | すりきず | 校庭 |
| ⑮ | ねんざ | その他 |
| ⑯ | すりきず | 校庭 |

| 番号 | けがの種類 | けがをした場所 |
|---|---|---|
| ⑰ | だぼく | 校庭 |
| ⑱ | だぼく | ろうか |
| ⑲ | きりきず | 教室 |
| ⑳ | きりきず | 教室 |
| ㉑ | ねんざ | 校庭 |
| ㉒ | すりきず | 校庭 |
| ㉓ | すりきず | 校庭 |
| ㉔ | すりきず | 校庭 |
| ㉕ | ねんざ | 体育館 |
| ㉖ | ねんざ | 校庭 |
| ㉗ | だぼく | ろうか |
| ㉘ | すりきず | 校庭 |
| ㉙ | すりきず | 校庭 |
| ㉚ | きりきず | 教室 |
| ㉛ | だぼく | その他 |
| ㉜ | だぼく | ろうか |

**1** 「けがをした場所」と「けがの種類」で分けた人数を数えて、二次元表にしましょう。

| 場所／種類 | 校庭 | 体育館 | ろうか | 教室 | その他 | 合計 |
|---|---|---|---|---|---|---|
| すりきず | | | | | | |
| だぼく | | | | | | |
| ねんざ | | | | | | |
| きりきず | | | | | | |
| 合計 | | | | | | |

❷ 一番多い「けがをした場所」はどこですか。　〔　　　　　〕

❸ 一番多い「けがの種類」は何ですか。　〔　　　　　〕

❹ どの場所でしたどの種類のけがが多いですか。

一番多いのは　〔場所：　　　　　種類：　　　　　〕

二番目に多いのは　〔場所：　　　　　種類：　　　　　〕

❺ 場所別で、多いけがの種類と少ないけがの種類を答えましょう。

校庭で一番多いけがは〔　　　　　〕で、

一番少ないけがは〔　　　　　〕だった。

教室ではすべてのけがが〔　　　　　〕だった。

解答は86ページ

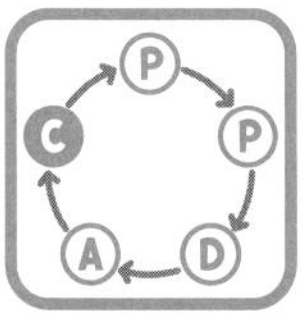


Conclusion（結論を出す）

表やグラフを使って
調べた結果をまとめて伝える。

やってみよう2

## 分かったことをまとめよう。

**1** 二次元表から分かったことをまとめます。

『けがした場所は〔　　　　　　〕が一番多く〔　　　〕人だった。

種類は〔　　　　　　〕が一番多く〔　　　〕人だった。

場所と種類の組み合わせで一番多いのは、〔　　　　　　〕で

負った〔　　　　　　〕で、二番目に多いのは、〔　　　　　　〕

で負った〔　　　　　　〕だった。』

**2** ❶で分かった「一番多いけが」を減らすために、保健委員として生徒にどんな呼びかけができるか考えましょう。

〔　　　　　　　　　　　　　　　　　　　　　　　　　　〕

解答は89ページ

81ページ
## やってみよう1 二次元表を作って、読み取ろう。

❶ アンケート結果を二次元表にまとめましょう。

| 食べ物＼飲み物 | お茶 | | ジュース | | 牛乳 | | 合計 |
|---|---|---|---|---|---|---|---|
| ドーナツ | 正一 | 6 | T | 2 | 止 | 4 | 12 |
| ピザ | 一 | 1 | 正T | 7 | | 0 | 8 |
| 合計 | 7 | | 9 | | 4 | | 20 |

❷ 一番人気の飲み物は何ですか。 〔ジュース〕

❸ 一番人気の食べ物と飲み物の組み合わせは何ですか。 〔ピザとジュース〕

❹ ピザを希望した人に一番人気がある飲み物は何ですか。 〔ジュース〕

▶❶データ表から二次元表を作るときは、数え漏れがないように「データ表にチェック✓を入れて、二次元表に棒を足す」という動作を繰り返すとよいでしょう。数え終えたら、データ表の最後の番号⑳と、二次元表右下の合計人数が同じになっているか確認しましょう。
❷飲み物３種類の列の合計人数を比べます。９人いるジュースが一番人気ですね。
❸正の字かタリーチャートで数えた結果、数が一番多い組み合わせを答えます。「ピザとジュース」の７人ですね。
❹ピザの行の数を比べます。ピザの行で一番多いのはジュースの７人です。

83ページ

## やってみよう1 二次元表を作って分析(ぶんせき)しよう。

❶「けがをした場所」と「けがの種類」で分けた人数を数えて、二次元表にしましょう。

| 場所＼種類 | 校庭 | 体育館 | ろうか | 教室 | その他 | 合計 |
|---|---|---|---|---|---|---|
| すりきず | 𝍸||| 8 | || 2 | 0 | 0 | 0 | 10 |
| だぼく | || 2 | 0 | |||| 4 | 0 | | 1 | 7 |
| ねんざ | ||| 3 | |||| 4 | 0 | 0 | | 1 | 8 |
| きりきず | 0 | 0 | 0 | 𝍸|| 7 | 0 | 7 |
| 合計 | 13 | 6 | 4 | 7 | 2 | 32 |

❷ 一番多い「けがをした場所」はどこですか。〔 校庭 〕

❸ 一番多い「けがの種類」は何ですか。〔 すりきず 〕

❹ どの場所でしたどの種類のけがが多いですか。

一番多いのは〔 場所：校庭　種類：すりきず 〕

二番目に多いのは〔 場所：教室　種類：きりきず 〕

❺ 場所別で、多いけがの種類と少ないけがの種類を答えましょう。

校庭で一番多いけがは〔 すりきず 〕で、一番少ないけがは〔 きりきず 〕だった。教室ではすべてのけがが〔 きりきず 〕だった。

▶❶数え上げる方法は、タリーチャートでも正の字でもかまいません。右下にある全体の合計人数を計算するときは、右端の列の合算と、一番下の行の合算が同じ数になっていることを確認しましょう。
❷けがをした場所で分けたときの人数を比べるので、一番下の行の人数を見ます。校庭の13人が一番多いですね。
❸けがの種類で分けたときの人数を比べるので、右端の列の人数を見ます。すりきずの10人が一番多いです。
❹数えた中で、多かった場所と種類の組み合わせを答えます。一番多いのは、校庭ですりきずを負った人８人で、二番目に多いのは教室できりきずを負った７人です。
❺校庭の縦列の中で人数を比べます。すりきずの８人が一番多く、校庭でのけがの大半を占めています。次に教室の縦列を見ると、きりきずしか発生していないことが分かります。

今回の分析では「けがの種類」と「けがの場所」の２つに注目しましたね。
分析を「学年別」で行ったり、データを１年間に増やしたり、「けがの種類」と「学年」など、違う組み合わせで分析したりすると、もっと多くのことが見えてくるかもしれません。

85ページ

## やってみよう2 分かったことをまとめよう。

❶ 二次元表から分かったことをまとめます。

『けがした場所は〔　校庭　〕が一番多く〔13〕人だった。種類は〔　すりきず　〕が一番多く〔10〕人だった。場所と種類の組み合わせで一番多いのは、〔　校庭　〕で負った〔　すりきず　〕で、二番目に多いのは、〔　教室　〕で負った〔　きりきず　〕だった。』

❷ ❶で分かった「一番多いけが」を減らすために、保健委員として生徒にどんな呼びかけができるか考えましょう。

〔解答例〕

校庭でのすりきずを減らすために、運動の前には準備運動をするように呼びかける。

▶❷答えは1つではありません。一番多かったけがの種類はすりきずなので、すりきずを減らすための呼びかけを考えられれば正解です。すりきずを負った場所を見ると校庭と体育館なので、運動中にけがをしているようです。対策を考えるときに、さらに保健室の利用記録表を見て、ひざのすりきずが多ければ、運動をするときに長ズボンを履くとけがが予防できることがあるかもしれません。

二次元表にデータを整理することで、「けがをした場所」と「けがの種類」に関係が見えましたね。どの組み合わせが多いのかを見て、その理由を考えることで、解決策のヒントにすることができます。

# 13 生活の中から疑問を見つけよう！

使う時間 45分くらい

月　日

あおいさんは５年生。

ふと自分の生活がこのままでよいのか、同級生がどんな生活をしているのかが気になりました。

やってみよう1

## 平日の時間の使い方を図にしてみよう。

あおいさんのいつもの１日を図に表しましょう。右ページのスケジュールから、図を完成させます。円の中心から真上を夜の午前０時とし、円の周りを24時間で区切っています。

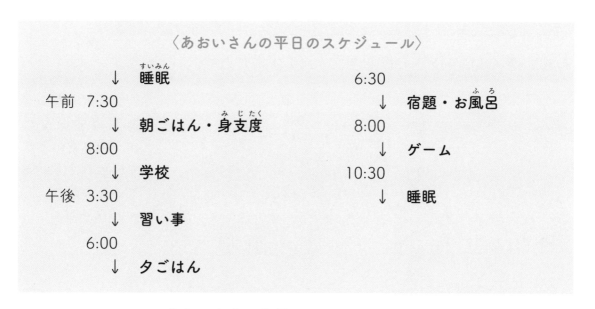

〈あおいさんの平日のスケジュール〉

↓ 睡眠（すいみん）

午前 7:30

↓ 朝ごはん・身支度（みじたく）

8:00

↓ 学校

午後 3:30

↓ 習い事

6:00

↓ 夕ごはん

6:30

↓ 宿題・お風呂（ふろ）

8:00

↓ ゲーム

10:30

↓ 睡眠

あおいさんの１日

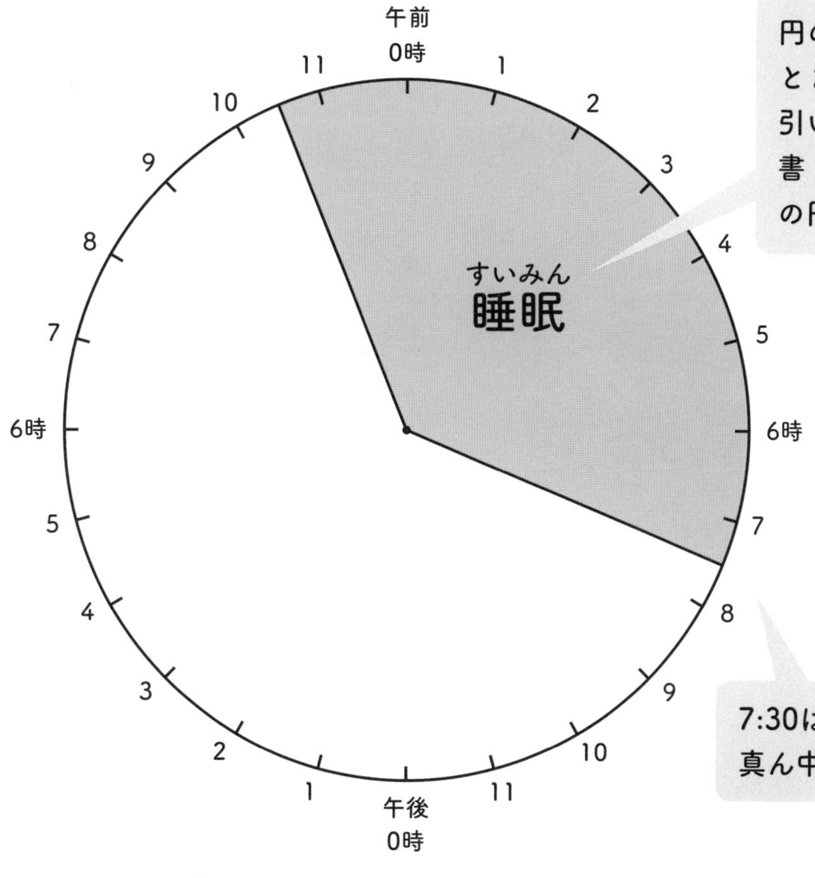

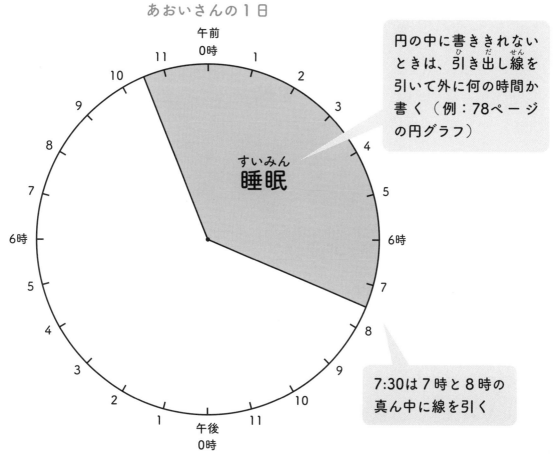

円の中に書ききれないときは、引き出し線（ひきだしせん）を引いて外に何の時間か書く（例：78ページの円グラフ）

7:30は７時と８時の真ん中に線を引く

１日のスケジュールを図にすると、何にどれくらいの時間を使っているのかが分かりやすくなります。

解答は92ページと100ページ

## 時間の使い方の図から気になる疑問を見つけてみよう

あおいさんは自分の１日を見て、何を感じたのでしょうか。

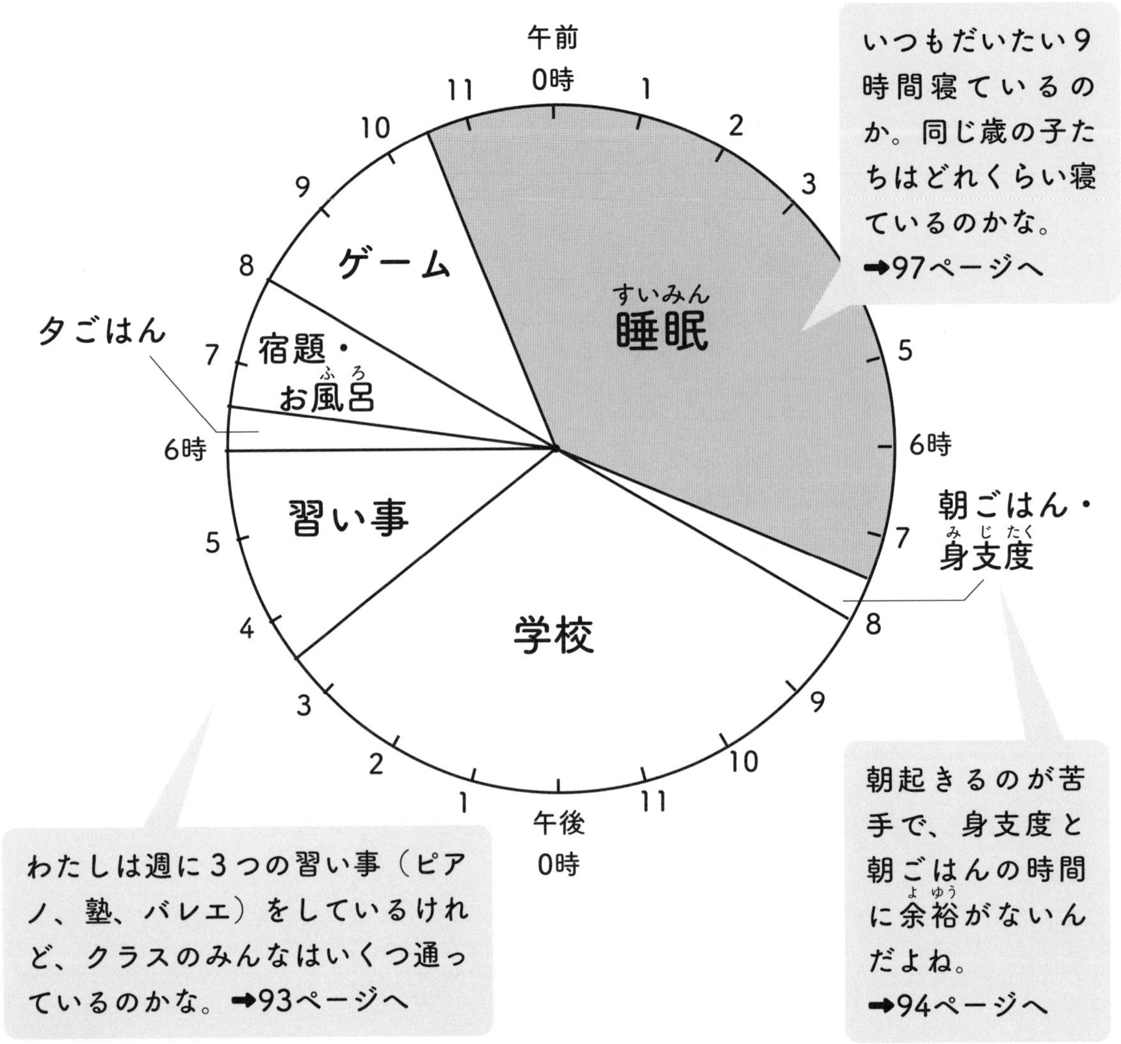

午前
0時
1
2
3
5
6時
7
8
9
10
11
午後
0時
1
2
3
4
5
6時
7
8
9
10
11
睡眠
朝ごはん・身支度
学校
習い事
夕ごはん
宿題・お風呂
ゲーム
いつもだいたい9時間寝ているのか。同じ歳の子たちはどれくらい寝ているのかな。
➡97ページへ
わたしは週に３つの習い事（ピアノ、塾、バレエ）をしているけれど、クラスのみんなはいくつ通っているのかな。➡93ページへ
朝起きるのが苦手で、身支度と朝ごはんの時間に余裕がないんだよね。
➡94ページへ

### 発展

あおいさんの１日のうち、睡眠時間がどれくらいを占めているか言葉にしてみます。分数で表すと、$\frac{睡眠時間９時間}{１日24時間} = \frac{3}{8}$

「１日の$\frac{3}{8}$が睡眠時間」と言えます。

５年生で学習する百分率で表すと、「１日の37.5％が睡眠時間である」と言えます。

やってみよう2

## みんなの習い事を調べよう。

あおいさんは、仲のいい友達からダンス教室に誘（さそ）われています。すでに週に3つ習い事をしていて忙（いそが）しいですが、やってみたい気持ちもあります。参考にするために、クラスで「習い事の数」についてアンケートをとりました。

**アンケート結果：クラスメートがしている習い事の数**

| 習い事の数 | 0 | 1つ | 2つ | 3つ | 4つ | 5つ |
|---|---|---|---|---|---|---|
| 人数（人） | 5 | 8 | 12 | 7 | 2 | 1 |

**1** アンケート結果から下のグラフを完成させましょう。

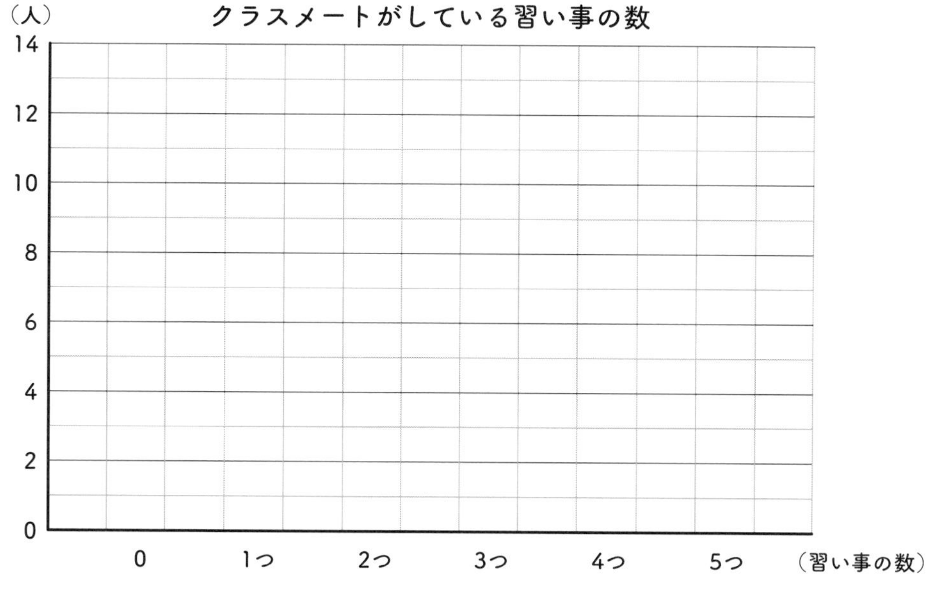

**2** 分かったことをまとめましょう。

『クラスでは〔　　〕つの習い事をしている人が最も多く、〔　　〕人だった。全員〔　　〕人の中で、４つ以上の習い事をしている人は〔　　〕人と少ないことが分かった。』

あなたがあおいさんだったら、ダンスの習い事についてどうしますか。

〔　　　　　　　　　　　　　　　　　　　　　　　　〕

解答は100ページ

やってみよう3

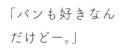

## みんなの朝ごはんを調べよう。

いつも朝に準備に追われるあおいさんは、朝ごはんにお母さんがおにぎりを用意してくれることが多いと気が付きました。

「パンも好きなんだけどー。」
「食べる時間もないのに、パンじゃお腹（なか）が空くでしょう。」

あおいさんは、朝ごはんの内容と空腹は関係があるのか知りたくなりました。そこで、クラスで「今日の朝ごはんの主食」と「給食までに空腹を感じたか」についてアンケートをとり、二次元表を作ることにしました。

**アンケート票**

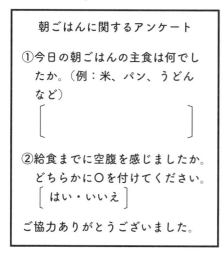

朝ごはんに関するアンケート

①今日の朝ごはんの主食は何でしたか。（例：米、パン、うどんなど）
〔　　　　　　　　〕

②給食までに空腹を感じましたか。どちらかに○を付けてください。
〔はい・いいえ〕

ご協力ありがとうございました。

**アンケート結果：今日の朝ごはんの主食**

| 空腹感＼主食 | 米 | パン | めん（うどん・パスタ） | その他 | 合計 |
|---|---|---|---|---|---|
| 空腹を感じた | 3 | 7 | 3 | 4 | 17 |
| 空腹を感じなかった | 14 | 3 | 1 | 0 | 18 |
| 合計 | 17 | 10 | 4 | 4 | 35 |

**1** 二次元表から〔　　〕を埋めて、積み上げ棒グラフを完成させましょう。

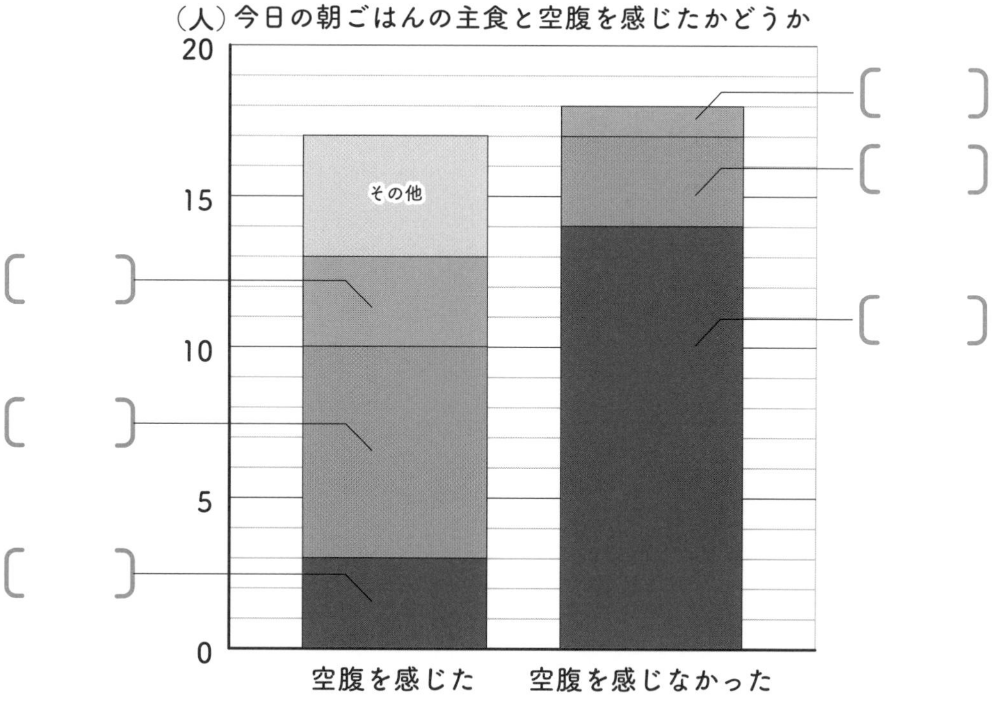

**2** 分かったことをまとめましょう。

『クラスの約半数の人が給食までに空腹(くうふく)を感じていた。空腹を感じた〔　　〕人の中で、一番多かった主食は〔　　　〕で〔　　〕人、空腹を感じなかった〔　　〕人の中で一番多かった主食は〔　　　〕で〔　　〕人だった。このことから、〔　　　〕はお腹(なか)が空きにくい主食であると考えられる。』

あなたがあおいさんなら、お母さんがいつも米を用意することに納得(なっとく)しますか。

〔納得する　・　納得しない〕

〔その理由は？

------------------------------------------------

------------------------------------------------〕

解答は102ページ

## 発展

6年生で学習する**ヒストグラム**（説明は79ページ）というグラフを使うと、次のようにある集団の睡眠時間についてデータの散らばり方を表すことができます。

みんなはどのくらい寝ているのかな

**アンケート結果：**

**東小学校４年生の睡眠時間分布**

| 階級（時間） | 度数（人） |
|---|---|
| ～6時間未満 | 2 |
| 6時間～7時間未満 | 6 |
| 7時間～8時間未満 | 15 |
| 8時間～9時間未満 | 46 |
| 9時間～10時間未満 | 28 |
| 10時間～11時間未満 | 14 |
| 11時間～12時間未満 | 9 |

11時間10分寝た人も、11時間55分寝た人も、この範囲（階級）に入る

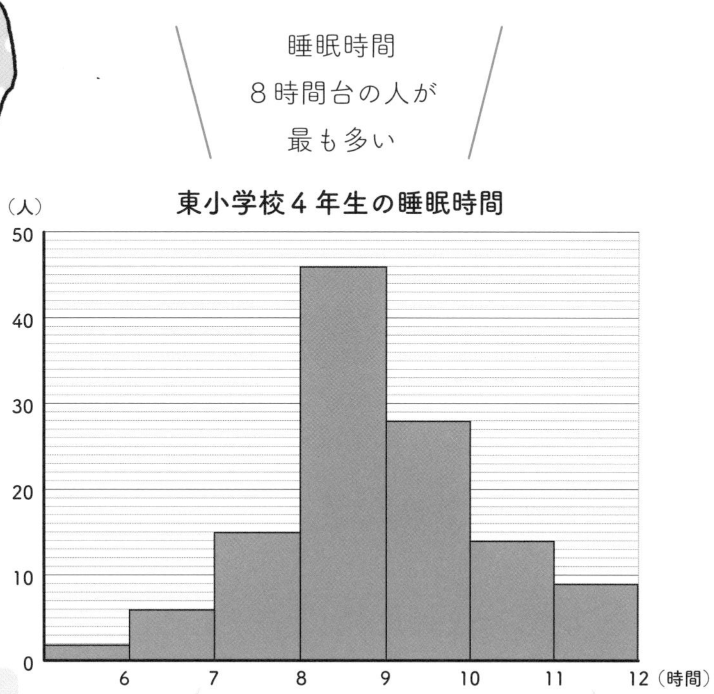


柱と柱をくっつけて描く

横軸に階級の目盛りと単位を書く

一見、棒グラフに似ていますが、ヒストグラムはデータがあらかじめ決めた幅（階級）のどこに入るのかを表しています。時間や距離など、数値が細かくなるデータの整理に便利なグラフです。

やってみよう4

# 自分の平日の生活を振り返ってみよう。

## ❶ スケジュールを書きましょう。

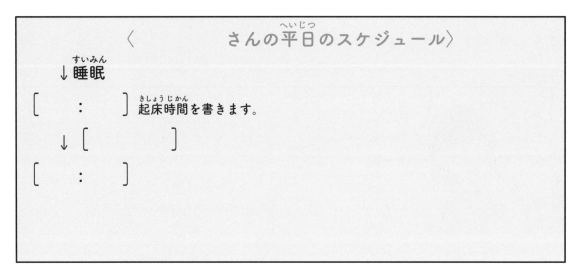

〈　　　　　　さんの平日のスケジュール〉

↓睡眠

[　　：　　] 起床時間を書きます。

↓[　　　　　]

[　　：　　]

## ❷ スケジュールから、図を描きましょう。

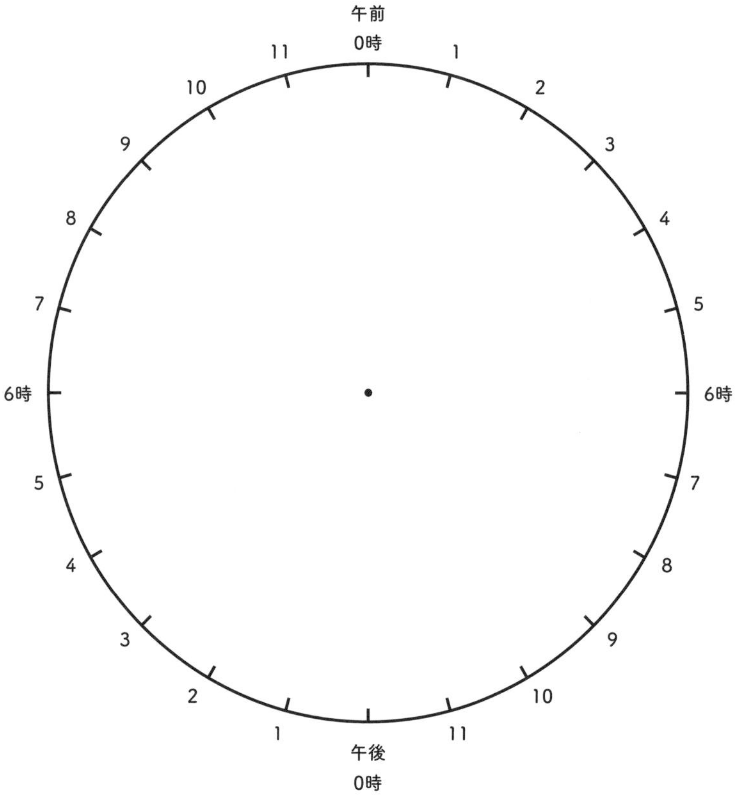

簡単なイラストを入れても楽しいですね。

**3** 図で生活を振り返りながら、課題や疑問を見つけましょう。

| 課題や疑問 | 調べたいプロブレム |
| --- | --- |
| （例）朝起きられない。 | みんなは何時間くらい寝てる？<br>何時に寝てる？ |
| | |

さまざまな公的機関や会社が、日本の小学生の生活に関する統計を発表しています。自分で調べるデータに加えて、そのようなデータも調べてみると、全国的な小学生の様子や傾向が知れるかもしれません。

90ページ

## やってみよう1　平日の時間の使い方を図にしてみよう。

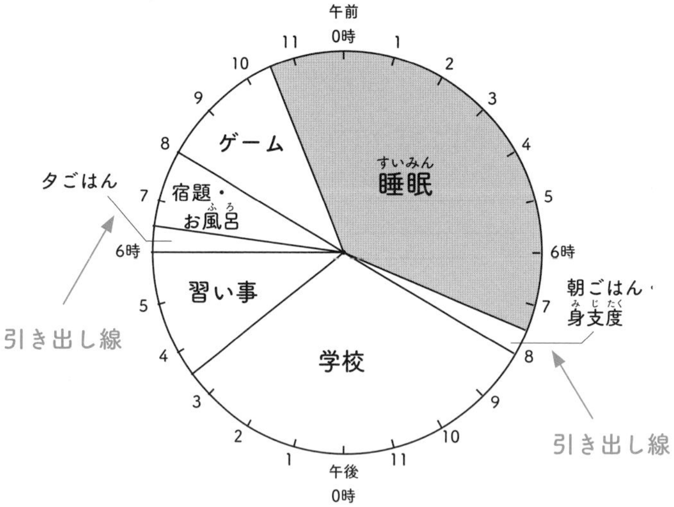


▶睡眠の次のスケジュールから、円の中身を埋めていきます。何の時間かを書き込むスペースがないときは、定規で引き出し線を描いて円の外側に書くとよいでしょう。

93ページ

## やってみよう2　みんなの習い事を調べよう。

アンケート結果：クラスメートがしている習い事の数

| 習い事の数 | 0 | 1つ | 2つ | 3つ | 4つ | 5つ |
|---|---|---|---|---|---|---|
| 人数（人） | 5 | 8 | 12 | 7 | 2 | 1 |

**1** アンケート結果から下のグラフを完成させましょう。

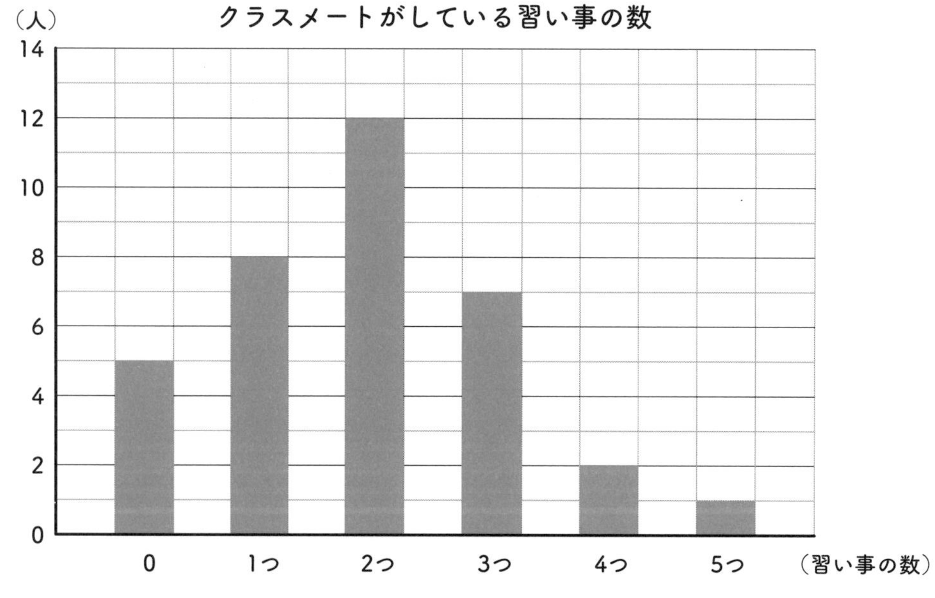

**2** 分かったことをまとめましょう。

『クラスでは〔 2 〕つの習い事をしている人が最も多く、〔 12 〕人だった。全員〔 35 〕人の中で、４つ以上の習い事をしている人は〔 3 〕人と少ないことが分かった。』

あなたがあおいさんだったら、ダンスの習い事についてどうしますか。

〔解答例〕

・４つ以上の習い事をしている人は少ないからやめておく。

・４つ以上の習い事をしている３人に、両立できているかを聞いてから考える。

・今している習い事よりダンスがしたければ、１つ習い事をやめてダンスを始める。

▶一番多い習い事の数は２つで、４つ以上になると３人にまで減(へ)ります。「似(に)た環境(かんきょう)にいる子どもが習い事を両立できているか」は、自分が考えるときやおうちの人を説得(せっとく)するときにいい材料になります。

生活を図にすることで、疑問(ぎもん)や知りたいことを見つけやすくなります。他の人はどうなのか参考にすると、自分の生活をよくしていくヒントになることも多いでしょう。

94ページ

## やってみよう3 みんなの朝ごはんを調べよう。

アンケート結果：今日の朝ごはんの主食

| 空腹感＼主食 | 米 | パン | めん（うどん・パスタ） | その他 | 合計 |
|---|---|---|---|---|---|
| 空腹を感じた | 3 | 7 | 3 | 4 | 17 |
| 空腹を感じなかった | 14 | 3 | 1 | 0 | 18 |
| 合計 | 17 | 10 | 4 | 4 | 35 |

❶ 二次元表から〔　　〕を埋めて、積み上げ棒グラフを完成させましょう。

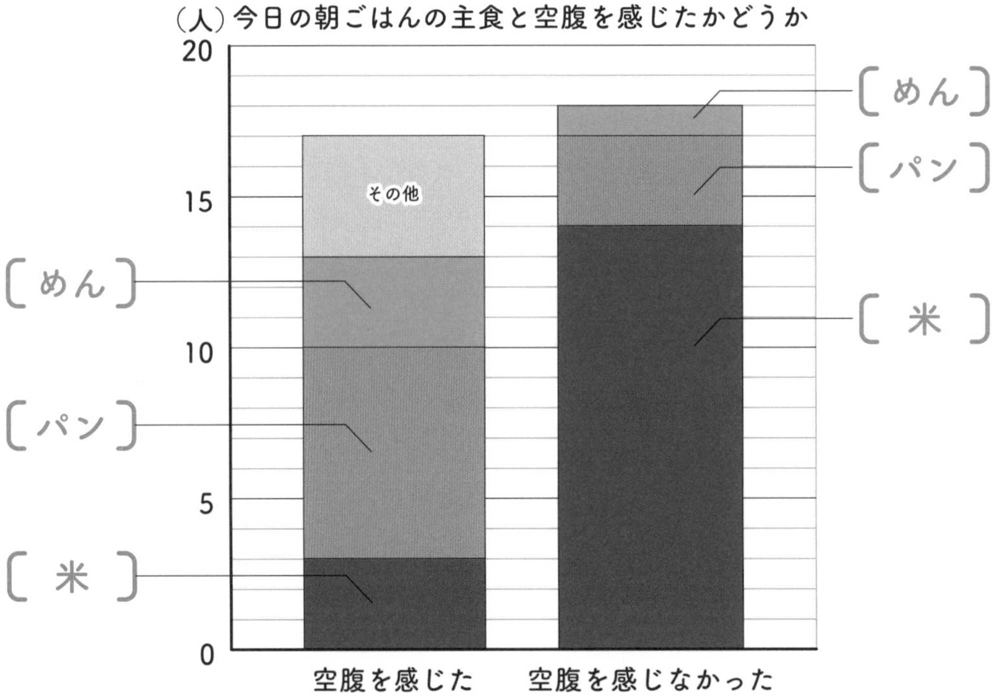


❷ 分かったことをまとめましょう。

『クラスの約半数の人が給食までに空腹を感じていた。空腹を感じた〔17〕人の中で、一番多かった主食は〔パン〕で〔7〕人、空腹を感じなかった〔18〕人の中で一番多かった主食は〔米〕

で〔14〕人だった。このことから、〔　米　〕はお腹が空きにくい主食であると考えられる。』

あなたがあおいさんなら、お母さんがいつも米を用意することに納得しますか。

〔解答例〕

〔（納得する）・　納得しない〕

その理由は？

クラスの約半数が給食までにお腹が空いてしまうが、米を食べてきた人は給食までお腹が空く人が少ないから。

▶最後の問題は、解答例とは逆に「納得しない」とした場合、下のような理由も考えられるでしょう。

〔納得する　・（納得しない）〕

その理由は？

米よりパンの方がお腹が空く人が多いということは分かったが、その分おかずをたくさん食べればお腹が空かないかもしれないから。

アンケートの結果を受けて、パン＋何かで不足を補おうとする案ですね。

今回気になったことは、「朝ごはんの主食と空腹には関係があるのか」でした。それに対して「主食の種類で腹もちのよさが違う」と仮説を立てて、「主食の種類」と「お腹が空いたか」を調べて関係を考えています。

監修・渡辺 美智子
福岡県生まれ。理学博士。慶應義塾大学大学院教授などを経て、2021年より立正大学データサイエンス学部教授。放送大学客員教授（テレビ「身近な統計」「デジタル社会のデータリテラシー」等主任講師）、日本統計学会統計教育委員会委員長、独立行政法人統計センター理事などを歴任。2012年に「第17回日本統計学会賞」、2017年に科学技術分野の文部科学大臣表彰を受賞。著書に『レッツ！データサイエンス 親子で学ぶ！統計学はじめて図鑑』（共著、日本図書センター）、『こども統計学 なぜ統計学が必要なのかがわかる本』（監修、カンゼン）など。

執筆協力・古田裕亮
静岡県出身。北里大学医療衛生学部リハビリテーション学科卒業後、病院勤務。2018年慶應義塾大学大学院にて公衆衛生学修士課程を修了。2021年より恩賜財団済生会神奈川県病院在籍。医療経営士2級。ヘルスケア領域でのビックデータ利活用、医療リアルワールドデータである病院電子カルテシステムを用いた研究に携わる。

STEAM
こどもSTEAM

5・6年生向け
統計【基礎編】

発行日　2021年12月16日（初版）

監修● 渡辺美智子
執筆協力● 古田裕亮
編集● 株式会社アルク　出版編集部
パート7・8校閲● 牛嶋克宏（熊本大学教育学部付属小学校）
カバーデザイン● 二ノ宮匡（NIXinc）
本文デザイン● 二ノ宮匡（NIXinc）
イラスト● 徳永明子
DTP● 朝日メディアインターナショナル株式会社

印刷・製本● 日経印刷株式会社

発行者● 天野智之
発行所● 株式会社アルク
〒102-0073 東京都千代田区九段北4-2-6　市ヶ谷ビル
Website：https://www.alc.co.jp/

落丁本、乱丁本は弊社にてお取り替えいたしております。
Webお問い合わせフォームにてご連絡ください。
https://www.alc.co.jp/inquiry/


製品サポート：https://www.alc.co.jp/usersupport/


PC：7021054
ISBN: 978-4-7574-3954-2